GABRIELE LINKE-GRÜN | MONIKA WEGLER

Das große WOHNUNGSKATZEN *Wohlfühl-Buch*

GABRIELE LINKE-GRÜN | MONIKA WEGLER

Das große WOHNUNGSKATZEN *Wohlfühl-Buch*

Inhalt

Alles von Anfang an richtig machen

Wer sich für diesen Ratgeber interessiert, ist ihr schon längst verfallen – der eleganten, rätselhaften, eigenwilligen, aber auch unabhängigen Katze. Um Ihren vierbeinigen Liebling vor den Gefahren, die draußen lauern, zu schützen und ihm ein möglichst langes Leben zu garantieren, haben Sie sich entschieden, ihm in Ihrer Wohnung ein sicheres Leben zu bieten. Der Gedanke ist gut, doch eines dürfen wir dabei nicht vergessen: Ist das Leben in begrenzter Freiheit für die Katze auch lebenswert? Und genau hier setzt dieser Ratgeber an. Als Erstes heißt es, sich mit den Bedürfnissen der kleinen Tiger auseinanderzusetzen und für die richtige Einrichtung ihres Wohnungsreviers zu sorgen. Zweitens gilt es, sich auf die Samtpfoten einzulassen, damit wir zusammen mit ihnen eine harmonische Beziehung erleben können. Und drittens ist es besonders für Wohnungskatzen überaus wichtig, dass sie genügend geistige, körperliche und sinnliche Anregungen bekommen. Sind diese drei entscheidenden Punkte erfüllt, erhalten Sie den »Katzenführerschein erster Klasse«.

Gabriele Linke-Grün

Spannendes Revier in vier Wänden

Es muss nicht teuer sein, das Katzenparadies in der Wohnung. Ob ihre Wohnwelt designt ist oder aus dem Baumarkt stammt, ist Mieze gleich. Hauptsache, einfallsreich und auf ihre Bedürfnisse zugeschnitten.

Die Wohnung aus Katzensicht

»Fühlst du dich in deiner Wohnung rundum wohl?« Würde man diese Frage allen Wohnungskatzen stellen, bekämen wir wahrscheinlich eine eindeutige Antwort: 99 Prozent der Katzen hätten beachtliche Mängel anzumelden und sofort eine Liste mit Verbesserungsvorschlägen parat.

Wo Miezes Kritik ansetzt

Zu wenig Verstecke und gemütliche Ruheoasen, keine geeigneten Aussichtsplätze, ungenügende Kletter- und Kratzmöglichkeiten, keinen Wanderpfad an der Wand entlang, Futter- und Trinknäpfe am falschen Platz, zu wenig Abwechslung, verschlossene Türen im Wohnungsrevier. In der Wohnungs- beziehungsweise Revierfrage haben Menschen und Katzen meist verschiedene Auffassungen. Eine – in unseren Augen – schicke Wohnung mit wenigen ausgewählten Möbeln und viel leerem Raum ist für die Jägerin Katze ein Albtraum. Hier kann sie sich nirgendwo anschleichen, ohne gesehen zu werden – und sei es nur, um ihre Menschen aus dem Hinterhalt zu »überfallen« –, oder in ruhigen Winkeln Energie auftanken und ungestört relaxen. Katzen, die keinen Freilauf haben, brauchen ein Wohnungsrevier, das ihrem Wesen und ihren Bedürfnissen gerecht wird. Idealerweise wird die Wohnung bereits vor dem Einzug einer oder mehrerer Katzen artgerecht eingerichtet, damit Mieze durch das Fehlen der aus ihrer Sicht elementarsten Dinge gar nicht erst auf dumme Gedanken kommt. Werfen Sie einen Blick auf die Lebensweise von Freigängerkatzen und orientieren Sie sich am Vorbild Natur (→ Seite 198). Hier finden Sie viele Anregungen, um aus Ihrer Wohnung ein Katzenparadies zu machen, in dem Sie und Ihre Samtpfoten sich gleichermaßen wohlfühlen.

Verschlossene Türen im Wohnungsrevier – ein »No-Go« für die kleinen Tiger.

Hier ist Kratzen erlaubt!

Dieses Kratzmöbel besteht aus massiver Wellpappe. Hier kann man nicht nur kratzen, sonders auch prima »abhängen«.

Kater Carlo bringt Anja schier zur Verzweiflung. Die Sitzecke ist erst acht Wochen alt, doch Carlo hat bereits ein klaffendes Loch in die Stofflehne gekratzt. Und auch der Teppich, der Couchtisch und die Vitrine weisen tiefe Kratzspuren auf. Anjas Erziehungsversuche, Carlo das Kratzen abzugewöhnen, blieben erfolglos, denn alle Katzen müssen kratzen (→ Seite 16). Jetzt wird es schwer, Carlos Kratzorgien in geregelte Bahnen zu lenken.

Die richtigen Kratzmöbel

Wenn Sie an Ihren Möbeln hängen, sollten Sie Mieze vor ihrem Eintreffen erlaubte Kratzplätze in der Wohnung schaffen. Katzen zögern nämlich nicht, am erstbesten, strategisch günstig liegenden Gegenstand ihre Krallen zu wetzen, wenn nichts anderes da ist – und das kann eben auch Ihr neues Sofa sein. Hat die Katze erst einmal ihren Geruch daran hinterlassen, wird sie ihn immer wieder durch Kratzen auffrischen. Da hilft auch kein noch so unangenehmer Duft in der Katzennase, falls Sie damit weiteres Kratzen verhindern wollen. Doch was genehmigen denn die eigenwilligen Samtpfoten eigentlich als passend für ihre Kratzbedürfnisse?

Lieblingsmaterialien Generell lässt sich feststellen: Das Krallenwetzen macht vor allem dann Spaß, wenn es dabei fetzig zugeht. Die einen geben Holz wie etwa Birke, Fichte, Kiefer, Weide, Pappel oder Linde – gern auch mit Rinde – den Vorzug. Die anderen mögen lieber eine Kratzfläche, bei der man Fäden ziehen kann, wie zum Beispiel Jute, Sisal, Kokos- und Maisstrohmatten, Seegras oder Teppichboden. Bei textilen Materialien sollten die Fasern senkrecht verlaufen, sodass die Katze ihre Krallen einhaken und genussvoll hindurchziehen kann.

Kratzplätze für die Wohnung Die Auswahl im Fachhandel ist riesig. Für jeden Katzenhalter und jeden Geldbeutel gibt es die passende Kratzplatzraumlösung: von der großzügigen Kratzbaumlandschaft über Kratztrommeln, platzsparende Eckkratzbretter bis hin zum exklusiven Kratzmöbeleinzelstück. Aber auch mit Teppichboden oder Jute bespannte Kratzbretter, Fußmatten oder ein Stück Baumstamm sind der Katze recht.

Anzahl der Kratzplätze Minimum ist ein verzweigter, standfester Kratz- und Kletterbaum (→ Seite 18). Je nach Größe der Wohnung und Anzahl der Katzen sind mehrere Kratzmöglichkeiten wichtig.

Innen ein tolles Versteck, außen darf gekratzt werden, und oben ist ein kuscheliger Liegeplatz. Dekorative Kratztonnen zieren auch die Wohnung.

Platzsparende Eckkratzbretter werden so hoch angebracht, dass sich Mieze beim Krallenwetzen in voller Länge daran aufrichten kann.

Der Standort Ein strategisch wichtiger Punkt, um wahre Kratzorgien zu veranstalten, liegt für die Katze zwischen dem Ruheplatz und der Wanderung zum Futternapf. Aber auch dort, wo sie gern auf gewohnten Pfaden ihr Wohnungsrevier durchstreift oder aufregende Entdeckungen machen kann und Spannungen abbauen muss, sind Kratzplätze wichtig.

Stabil und hoch genug Kratzbaum und Kratzpfosten müssen stabil und standfest sein. Kratzbretter an der Wand oder Matten an Schrankseiten sicher befestigen. Senkrechte Kratzgelegenheiten so hoch anbringen, dass sich die Katze beim Krallenwetzen in voller Größe daran aufrichten kann.

CHECKLISTE

Die fünf wichtigsten Kratzplatzaspekte

- ☐ Jede Katze braucht mindestens einen erlaubten Kratzplatz.
- ☐ Katzen kratzen am liebsten dort, wo sie sich gern aufhalten, aber immer nach der Siesta auf dem Weg zum Futternapf.
- ☐ Weiche Hölzer und textile Materialien werden gern bearbeitet.
- ☐ Katzen kratzen sowohl an senkrecht angebrachten Kratzplätzen als auch an liegenden Kratzflächen.
- ☐ Alle Kratzangebote müssen stabil und sicher gestaltet sein.

Warum Katzen kratzen: Bedeutung und Pflege eines Universalwerkzeugs

Nach einer gemütlichen Runde relaxen erhebt sich Mieze von ihrem Ruhelager. Zielstrebig steuert sie das Kratzbrett an der Wand an. Sie stellt sich auf die Hinterpfoten und bearbeitet das Brett mit den Vorderpfoten. Dabei reckt und streckt sie sich nach ihrer Siesta ausgiebig. Alte Krallenhüllen blättern ab. Darunter kommen nagelneue, scharfe Krallenspitzen zum Vorschein. Doch das Krallenwetzen hat noch andere wichtige Bedeutungen.

Katzen haben 18 Zehen, fünf an jeder Vorderpfote und je vier an den Hinterpfoten. Die nadelspitzen Hornkrallen liegen in den Scheiden der Pfoten verborgen, können aber bei Bedarf blitzschnell ausgefahren werden. Sind sie dagegen eingefahren, werden die Krallen vor Abnutzung geschont, und die Katze kann sich auf diese Weise fast lautlos auf ihren gut gepolsterten Sohlenballen fortbewegen.
Mit ausgefahrenen Krallen verteidigt sich die Katze erfolgreich, oder sie hält ihre Beute damit fest. Auch zum Klettern, Tasten, Angeln und für die ausgiebige Körperpflege sind die Krallen unverzichtbar.

GUT GEPFLEGT

Regelmäßig schärft die Katze ihre Krallen an Bäumen und anderen geeigneten Stellen. Dabei entfernt sie zugleich die alten äußeren Hornschichten.
Beim Krallenwetzen zieht Mieze die Vorderpfoten über eine senkrechte oder horizontale raue Fläche, in die sie die Krallen einhaken kann. Während des wiederholten Heranziehens der Krallen an den Körper trainiert sie gleichzeitig den Ein- und Ausziehmechanismus. Während der Körperpflege beknabbern Katzen mit den Zähnen ihre Krallen, bis die alten Hornschichten weg sind.

Kratzspuren am Sessel – das muss nicht sein. Wer allerdings keine anderen Möglichkeiten zur Krallenpflege hat, dem bleibt nichts anderes übrig.

Die spitzen Zähne sind eine prima Manikürhilfe. Durch das Beknabbern der Krallen entfernt die Katze alte Hornschichten.

IN KRALLENSCHRIFT VERFASST

Ebenso wichtig wie die Krallenpflege sind für Katzen die optischen und duftenden Botschaften an Artgenossen, die sie beim Krallenwetzen hinterlassen. Außerdem hilft das Kratzen, um Stress und Spannungen abzubauen. Will die Katze draußen sichtbare Kratzzeichen setzen, wählt sie dafür meist senkrechte Objekte wie etwa einen Baumstamm mit weicher Rinde oder einen Holzpfosten. Die möglichst weit oben angebrachten Kratzspuren signalisieren Artgenossen schon von Weitem: Hier war schon einer vor mir zugange.

DUFTENDE BOTSCHAFTEN

Beim Kratzen mit den Vorderpfoten werden Duftdrüsen aktiviert, die zwischen den Zehen sitzen. Dabei überträgt Mieze eine individuelle Duftmischung mit dem Schweiß ihrer Pfotenballen auf die Kratzfläche. Artgenossen können an diesem Geruch ablesen, wer wann schon vor ihnen hier war.

Diese Duftsprache bleibt uns Menschen leider weitgehend verschlossen, denn Katzen riechen um ein unvorstellbar Vielfaches besser als wir. Genauer gesagt enthält die Riechschleimhaut einer Katze über 60 Millionen geruchswahrnehmende Zellen. Wir verfügen nur über etwa fünf Millionen.

Katzen nehmen selbst dann noch einen Geruch wahr, wenn dieser tausendmal niedriger konzentriert ist als das, was wir zu riechen vermögen. Wenn also Ihre Samtpfote an Ihrem Lieblingssessel kratzt, hat sie von ihrer Warte aus nichts Böses im Sinn. Sie will durch das Kratzen an Ihrem Sessel lediglich ihre eigene Duftnote hinzufügen. Und weil sich der Geruch mit der Zeit verflüchtigt, muss der Absender ihn natürlich regelmäßig auffrischen, selbst wenn Ihnen das überhaupt nicht recht ist.

MIT KRATZEN IMPONIEREN

Besonders dann, wenn andere Katzen zuschauen, demonstrieren selbstbewusste Miezen mit dem Wetzen der Krallen ihre Wichtigkeit. Und nach einem verlorenen Kampf bauen Katzen manchmal so ihr Selbstbewusstsein wieder auf.

Nicht wenige Katzen kratzen auch mit Vorliebe vor den Augen ihres Besitzers und suchen dabei den Blickkontakt. Handelt es sich um einen unerlaubten Kratzplatz, muss der kleine Wohnungstiger mit Schelte oder sogar Verfolgung rechnen – und das passt ihm gut: Endlich bekommt er die gewünschte Aufmerksamkeit, und gegen eine kleine Verfolgungsjagd zur Abwechslung hat der gelangweilte Stubentiger ganz und gar nichts einzuwenden.

Kratzplatz und Versteck in einem. Das ist super.

Ein Kratzbaum nach Katzenwünschen

Der Kratzbaum ist ein Muss für jede Wohnung, in der Katzen leben. Doch nur allzu oft steht das Teil nach der Anschaffung unbeachtet in einer Ecke, dient höchstens noch als Ablage oder wird wieder ausrangiert nach dem Motto »Meine Katze steht nicht auf Kratzbaum«. Das ist natürlich so nicht richtig. Ein Kratzbaum, den Katzen mögen, muss einige Voraussetzungen erfüllen, und er muss natürlich auch am richtigen Platz stehen (→ Interview Expertin Katze, unten).

- Nur ein standfester Kratzbaum kommt für Mieze infrage. Er reicht im Idealfall vom Fußboden bis zur Decke und ist sowohl unten als auch oben fest verankert.
- Hier kann man nicht nur kratzen, sondern auch relaxen, einiges überblicken und wenn man Lust hat, ein tolles Fitnesstraining absolvieren. Ein weitverzweigter Kratzbaum macht das möglich.
- Der untere Teil des Kratzbaums besteht aus nicht zu fest mit Sisal umwickelten Säulen oder echten Baumstämmen.

EXPERTIN KATZE

WO IST DER BESTE PLATZ FÜR DEN KRATZBAUM?

Baghira, die erfahrene Wohnungskatze, gibt uns Auskunft.

Dein Kratzbaum steht im Wohnzimmer. Benutzt du ihn gern?

Wohnungskatzen sind gern mitten im Geschehen. Mein Kratzbaum steht in einer Ecke neben einem Fenster. Wenn ich in einer Schlafmulde döse, kann ich sogar nach draußen schauen und aus sicherer Entfernung Nachbars Hund beobachten. Abends, wenn Emilia den Fernseher einschaltet, lande ich mit einem Sprung vom Kratzbaum auf der Couch. Emilia schaut dann den Film an und verwöhnt mich mit Streicheleinheiten. Und was ich besonders toll finde: Die Zimmertür liegt genau in meinem Blickfeld. Von meinem Kratzbaum aus kann ich sogar beobachten, was Emilia im Nebenzimmer macht.

Wieso lassen viele Katzen ihren Kratzbaum links liegen?

Da steht natürlich an erster Stelle: Das Ding ist zu wackelig oder kippt gar um, wenn wir hinaufspringen. Solche unsicheren Angelegenheiten mögen wir Katzen gar nicht. Oder der Kratzbaum steht am falschen Platz, etwa im dunklen Flur mit viel Durchgangsverkehr und häufigem Läuten an der Haustür. Wir sind zwar gern mit unseren Menschen zusammen, aber nicht unbedingt mit Besuchern. Und die ständige Lärmbelästigung nervt. Andererseits mögen wir aber auch keine Einsamkeit. Das Schlafzimmer, das nur nachts benutzt wird, ist ebenfalls kein guter Platz für den Kratzbaum.

Qualitätsurteil aus Katzensicht: »sehr gut«. An diesem selbst gebauten Kratzbaum aus Birkenstämmen kann man kratzen und turnen.

- Die Katze muss sich beim Kratzen ausgiebig strecken können. Deshalb sollte die Kratzfläche gut einen Meter hoch sein.
- Höhlen und Sitzbretter sind vor allem im oberen Teil angeordnet (Abstand Katzenkörperlänge), denn Katzen ruhen lieber erhöht.
- Sisalbespannung und Plüschbezüge sollten unbedingt erneuerbar sein.
- Flatternde Bänder, eine Korkkette oder ein Stoffmäuschen, das an einer Schnur herabhängt, machen den Kratzbaum noch attraktiver.

An den Kratzbaum gewöhnen Im Idealfall ist der Kratzbaum bereits da, wenn die Katze bei Ihnen einzieht. Neugierig wird sie ihn auf Tauglichkeit prüfen und schließlich in Besitz nehmen. Doch wie kann man Mieze im Nachhinein an einen Kratzbaum gewöhnen? Locken Sie die Katze mit einem Leckerli zum Kratzbaum. Verleiten Sie sie zu einem Sprung auf ein Sitzbrett, indem Sie das Leckerli höher halten. Hat die Katze den Sprung gewagt, gibt es ein Leckerli und lobende Worte. Läuft sie die nächsten Male von alleine zum Kratzbaum, wird sie stets kräftig gelobt. Streichen Sie mit den Handflächen über die Kratzfläche. Die Katze wird Ihrem Geruch den eigenen hinzufügen und feststellen, dass man hier prima kratzen kann.

TIPPS & TRICKS

Der erlaubte Kratzplatz sollte nicht aus dem gleichen Material bestehen wie etwa der Esszimmerteppich aus Sisal. Ist Mieze einmal auf einen Untergrund geprägt, kann sie nicht mehr unterscheiden, ob das Kratzen hier verboten oder gestattet ist.

Kater Fino und die Eroberung des neuen Kratzbaums

Kratzen und klettern de luxe

Dieser standfeste Kratzbaum erfüllt Katzenträume. An der sisalumwickelten Säule kann sich Fino in voller Länge aufrichten und genussvoll seine Krallenpediküre betreiben. Und ganz oben an der Kratzbaumsäule gibt es einen Ausguck mit kuscheliger Liegemulde, der einen tollen Panoramablick über das Wohnzimmer garantiert.

Fino will hoch hinaus

Nachdem die Krallen wieder top in Form sind, steht einer Kletterpartie nichts mehr im Weg. Mal sehen, ob es da oben wirklich so toll ist, wie's von hier unten aussieht. Der athletische Kater in den besten Jahren erklimmt die Säule sekundenschnell. Und schon hat er den Ausguck erreicht. Nur der Ausblick ist in dieser Position eher enttäuschend. Fino schaut gegen die Wand. Von Panoramablick kann man da wirklich nicht reden.

Die Entscheidung fällt leicht

Da hilft nur eines: weiter nach oben. Mit einem mächtigen Satz springt Fino vom Kletterbaumausguck auf den noch etwas höher gelegenen Schrank. Plötzlich ein bekanntes Geräusch: das Klappern der Leckerlidose. Keine Zeit, die Aussicht zu genießen. Mit einem Sprung geht es abwärts. Was soll's – Kletterbaum und Schrank laufen ja nicht weg, aber Leckerli gibt es nun mal nicht jeden Tag.

Gemütliche Ruheoasen, heiß geliebte Verstecke

Schlafen, dösen, beobachten – so verbringt eine Katze viele Stunden des Tages. Die Rangfolge ihrer Kriterien für gemütliche Plätze ist festgelegt: Hauptsache, warm und trocken, gerne erhöht, möglichst versteckt und ruhig.

Von allen möglichen und unmöglichen Schlafplätzen

An kalten Tagen feuert meine Freundin ihren Holzofen im Wohnzimmer an. Und dann liegen ihre Katzen wohlig ausgestreckt wie kleine »Bettvorleger« auf dem blanken Parkettboden so nahe um den warmen Ofen herum, dass man meint, sie müssten gleich Feuer fangen (→ Foto, Seite 178). Katzen sind eigen, wenn es um ihren Ruheplatz geht. Selbst die tolle, weich gepolsterte Schlafhöhle wird ignoriert, wenn sie vielleicht im kühlen Schlafzimmer steht, womöglich nahe am gekippten Fenster, durch das es zieht. Dagegen kann Miezes Lieblingsplatz durchaus das harte Fensterbrett über der warmen Heizung sein, das oberste Fach im Bücherregal, eine offene Schublade im Schrank oder die »nackte« Holzbank am Kachelofen.

Ein Blick nach draußen Um zu erkunden, welche Schlummerplätze Katzen in der Wohnung besonders gern belegen, sollten Sie einen Blick auf Freigängerkatzen und deren Gewohnheiten in ihrem Revier werfen. Diese schätzen höher gelegene Schlafplätze, wie etwa die geschützte Ecke am Ende der Gartenmauer, das Dach des Schuppens, die alte – etwas versteckt liegende – Bank im Garten oder den Brennholzstapel neben dem Haus. Hier fühlen sie sich absolut sicher und haben alles im Blick, wenn ihr Ohrenfrühwarnsystem beunruhigende Geräusche meldet. Die begehrten

Auch das blanke Parkett kann zum gemütlichen Ruheplatz werden.

»Logen« werden übrigens abwechselnd, sozusagen im Timesharing belegt, wenn mehrere Katzen ein Revier nutzen, denn die Samtpfoten beherrschen die Kunst, sich aus dem Weg zu gehen, perfekt. Auch mehrere Katzen, die in einer Wohnung zusammenleben, nutzen begehrte Schlafplätze oftmals abwechselnd nach einem Zeitplan, den nur sie selbst kennen (→ Seite 44). Vor allem in der milden Vormittags- und Nachmittagssonne döst die Katze draußen wohlig ausgestreckt auf einem ihrer bevorzugten Liegeplätze. An kalten und regnerischen Tagen dagegen sucht sie sich lieber einen warmen Schlafplatz im Haus. An sehr heißen Sommertagen verziehen sich viele Katzen draußen gern auf ein schattiges Plätzchen – zum Beispiel unter einen Busch oder eine Blumenstaude. Gern wird auch im hohen Gras Platz genommen, denn beobachten, ohne selbst gesehen zu werden, gehört mit zur erfolgreichen Jagdstrategie der kleinen Jäger.

Das edle Katzensofa aus Wasserhyazinthe wird schnell zum Lieblingskuschelplatz.

Was Schlafplätze in der Wohnung bieten müssen

Die meisten Katzen suchen sich ihre Relaxingoasen in der Wohnung selbst aus – häufig sind es zwei oder drei Lieblingsplätze. Doch wenn Sie sich selbst gern ein Mitspracherecht bei der Platzwahl einräumen möchten, sollten Sie unbedingt die Vorlieben Ihres kleinen Tigers berücksichtigen:

Warm Wählen Sie warme und gut geschützte Plätze in der Wohnung, die frei von Zugluft sind.

Sicher Heiß begehrt sind erhöhte Liegeflächen, die gleichzeitig einen guten Überblick beziehungsweise eine gute Aussicht bieten wie etwa die oberste Koje auf dem Kratzbaum, sofern sie gut erreichbar ist, oder die Fensterbank (→ Seite 45). Manchen Katzen reicht bereits Sesselhöhe.

Abgeschirmt Während sie schlafen, lieben viele Katzen einen Sichtschutz. Besonders in Haushalten mit mehreren Katzen und Kindern ist das wichtig. Es kann ein komplettes Katzenhaus sein, das vor neugierigen Blicken abschirmt. Aber auch ein einfacher Karton mit Vorhang ist dem Stubentiger ebenso recht (→ Foto, Seite 30).

Bequem Die Liegefläche sollte so groß sein, dass sich Mieze bequem darauf ausstrecken kann, obwohl sich Katzen auch in die kleinste Mulde quetschen, wenn es ihnen hier genehm ist. Gut sozialisierte Katzen kuscheln auch gern mit befreundeten Katzen oder ihren Menschen.

Kuschelig Eine weiche Unterlage auf ihrem Schlaflager schätzen alle Katzen. Bevorzugt werden flauschige Decken, Plüsch, Frottee oder ein Baby-Lammfell (→ Foto, Seite 188). Von glatten Oberflächen wie etwa Leder oder Chintz hält die Mehrzahl der Katzengesellschaft wenig bis gar nichts.

Sauber Alle Unterlagen der Schlafstätten müssen waschbar sein.

Bodennah Manche Katzen dösen besonders gern in ihrer Schlafhöhle, die

Schlafverhalten: Vom entspannten Schlaf und von süßen Träumen

Valentin ist im Tiefschlaf von der Sofalehne geplumpst. Ein Zeichen dafür, dass er völlig entspannt ist. 14 bis 16 Stunden des Tages verbringt eine Katze mit schlafen, dösen oder einfach nur relaxen. Gelangweilte Wohnungskatzen in einem reizarmen Umfeld bringen es sogar auf 18 Ruhestunden. Katzen haben ein anderes Schlafverhalten als wir. Während wir nachts »an einem Stück« schlafen, legt Mieze über den ganzen Tag verteilt Nickerchen ein.

ZWISCHEN TIEF- UND LEICHTSCHLAF

Bei Menschen und Tieren unterscheidet man den sogenannten REM- und Non-REM-Schlaf. Der Non-REM-Schlaf gliedert sich in unterschiedlich tiefe Schlafphasen. Nach einer Leichtschlafphase, die bis zu einer halben Stunde dauern kann, fällt die Katze für kurze Zeit in einen erholsamen Tiefschlaf. Jetzt ist sie völlig entspannt und reagiert kaum auf äußere Reize. Im Leichtschlaf dagegen bleibt ihr akustisches Radar online. Ihre beweglichen Ohren, die unabhängig voneinander gedreht werden können und wie Schalltrichter wirken, fangen selbst das kleinste ungewohnte oder auch vielversprechende Geräusch auf.
Probieren Sie es aus: Klappern Sie zum Beispiel einmal mit der Leckerlidose. Sofort ist Ihre Samtpfote hellwach und steht bereit für den Empfang der leckeren Extraration.

WOVON KATZEN TRÄUMEN

Bestimmt haben auch Sie bei Ihrer Katze schon beobachtet, wie sie im Schlaf mit den Pfoten, Beinen, Ohren oder dem Schwanz zuckt, die Krallen ein- und ausfährt, schmatzt, jammert oder leise maunzt. Der sogenannte REM-Schlaf (engl. Rapid Eye Movement = schnelle Augenbewegungen) bezeichnet diese Traumphasen. Dem Schlafforscher Adrian Morrison gelang es, im Film zu zeigen, dass eine Katze im Schlaf von der Mäusejagd träumte. Normalerweise sind die Muskeln im Schlaf blockiert. Doch diese Katze litt an einem Tumor, der die Blockade der Laufmuskeln verhinderte. Plötzlich erhob sich die Katze mit geöffneten Augenlidern, jedoch geschlossenen Nickhäuten, schlich am Boden entlang und sprang dann auf eine vermeintliche Beute. Demnach verarbeiten auch Katzen ihre Erlebnisse in Träumen.

Völlig relaxt liegt die Katze in ihrer Hängematte und schaukelt sanft in den Schlaf. Für Heimwerker ist der Bau dieses tollen Teils kein Problem.

Nach dem Nickerchen wird sich ausgiebig gereckt und gedehnt, um die Muskulatur zu lockern. So bleibt der Katzenkörper elastisch.

in einer ruhigen Zimmerecke auf dem Boden steht, oder halten ihr Nickerchen an heißen Sommertagen auf dem kühlen Fußboden.

Fernab vom Klo Löseplätze liegen bei frei lebenden Katzen immer fernab ihrer Lager- und Fressplätze. Schlafplätze in der Nähe des Katzenklos werden auch von Wohnungskatzen nicht angenommen.

Beobachten, ohne gesehen zu werden

Von Höhlen und Verstecken geht für Katzen eine magische Anziehungskraft aus. Sie sind nicht nur ideale Zufluchtsorte, sondern erlauben es auch, genau zu beobachten, was sich Interessantes tut, ohne dabei entdeckt zu werden. Eine Wohnung ohne Versteckmöglichkeiten ist für jede Mieze ein Albtraum. Nicht selten sucht sie sich dann in Eigeninitiative etwas Passendes wie etwa die Trommel der Waschmaschine oder des Trockners, wenn deren Türen offen stehen. Das kann für die Katze tödlich enden, denn selbst der »härteste« Wohnungstiger übersteht keinen Vollwaschgang (→ Gefahren, Seite 67). Bieten Sie also genügend ungefährliche Alternativen.

Beliebte Verstecke Im Grunde sind Ihrer Fantasie keine Grenzen gesetzt. Doch hier ein paar Anregungen: Der Umzugskarton, mit einem Guckloch versehen, durch das Katze hinein- und hinausschlüpfen kann, steht immer noch ganz oben auf der Hitliste. Ein Fach des offenen Bücherregals wird zur Hälfte mit einer Stoffgardine »verhängt«. Der Stoff lässt sich zum Beispiel mit doppelseitigem Klebeband anbringen. Beliebt sind auch lange Vorhänge, hinter denen man lauern kann, um den Katzenpartner oder ge-

TIPPS & TRICKS

Respektieren Sie das Ruhebedürfnis Ihrer Katze. Wecken Sie sie nie abrupt auf, wenn sie selig schläft und vielleicht gerade träumt. Wer noch im Traum gefangen ist, kann sich unverhofft heftig mit Kratzen und Beißen wehren.

liebten Menschen aus dem Hinterhalt zu »überfallen«. Gern wird unter Sofaüberwürfen, Tischdecken, die bis zum Boden reichen, oder Bettüberwürfen Quartier genommen. Und auch der lange, eckige Übertopf aus Seegras, der malerisch auf dem Boden liegt, gibt ein prima Versteck ab.

Katze im Dschungel Viele Zimmerpflanzen sind für Katzen giftig. Doch es gibt auch geeignete Pflanzen, die in den Katzenhaushalt passen, wie zum Beispiel dekorative und für Mieze ungefährliche Ziergräser (→ Seite 53). Dazu gehören: Blauschwingel, Goldflattergras, Strandhafer, Segge, Bambusgras und Zypergras (wenn die Blätter noch jung und nicht zu hart sind). Diese Gräser kann man gut in Kübeln pflegen, und sie gedeihen nicht nur im Garten oder auf dem Balkon, sondern auch in der Wohnung. Gestalten Sie doch einfach einen kleinen Pflanzendschungel für Ihre Katze. Hierhin kann sie sich wunderbar zurückziehen und verstecken. Vielleicht gibt es sogar ein gemütliches Ruhelager mitten im Dschungel. Übrigens darf Ihr kleiner Tiger unbedenklich an den Pflanzen knabbern, wenn er Lust darauf verspürt. Und die Pflanzen sorgen auch noch für ein gutes Raumklima.

EXPERTIN KATZE

WARUM GEHÖRT DAS BETT ZUM LIEBLINGSPLATZ VON KATZEN?

Kater Balu klärt uns auf.

Stimmt es, dass Katzen besonders gern im Bett ihrer Menschen schlafen?
Das ist wohl wahr. Im Bett ist es trocken, weich und warm. Und besonders wichtig: Hier riecht es nach meinen geliebten Menschen. Meine Menschen fehlen mir, wenn sie tagsüber arbeiten. Dann rolle ich mich in ihrem Bett zusammen oder krieche unter die Bettdecke und habe das beruhigende Gefühl: Meine Menschen sind da.

Was wäre, wenn das Schlafzimmer zur Tabuzone für dich erklärt würde?
Katastrophe. Ich durfte ja von Anfang an ins Schlafzimmer. Bekäme ich jetzt ein Verbot, könnte ich das überhaupt nicht verstehen. Außerdem ist unsere Wohnung nicht allzu groß. Wäre der Raum für mich verschlossen, würde sich mein Lebensraum noch mehr verkleinern.

Welche Argumente hast du, um auch nachts deinen Platz im Bett zu begründen?
Wenn wir schon viele Stunden des Tages auf unsere Menschen verzichten müssen, möchten wir wenigstens nachts ganz nahe bei ihnen sein. Besonders für Einzelkatzen und die ängstlichen, scheuen unter uns ist dieser enge Kontakt geradezu lebenswichtig. Wir Katzen sind sehr saubere Tiere. Werden wir regelmäßig vom Tierarzt gecheckt und geimpft, geht keine Krankheitsgefahr für Menschen von uns aus. Und auf eines möchte ich noch hinweisen: Wir sind geradezu wunderbare »Wärmflaschen«.

Jetzt muss ich erst mal chillen …

… dachte sich wohl Jamila. Schließlich ist die Mäusejagd – auch wenn's nur eine Spielmaus ist – anstrengend genug. Der weiche Hocker lockt zur Siesta. Langsam werden ihre Augenlider schwer, und ihr Kopf sinkt auf die Pfoten. Nun schläft sie tief und fest. Vielleicht träumt Jamila gerade von ihrem neuen Schmusekissen, das mit duftendem Heu gefüllt ist und aufregend anders riecht.

Die acht beliebtesten Schlafplätze

DINGHY-Katzenbett

Es besteht aus weichem Cord mit abnehmbaren, waschbaren Bezügen und ist bestens fürs Relaxen geeignet. Hier kann man nicht nur eine ausgiebige Siesta machen, sondern auch wunderbar träumen ...

Kuscheltipi

Besonders gut gefiel diese Kuschelhöhle unserer Katzenjugend. Das Tipi »Boho« hat einen rutschfesten Boden und ist mit einem waschbaren Wendekissen ausgestattet. Lässt man den Stoff am Eingang des Tipis herunter, entsteht ein Ruheplatz, den man nicht von außen einsehen kann. Das gefällt der Katze.

Strandkorb

Auf dem Balkon, zum Beispiel neben dem Miniteich, verbreitet der Strandkorb aus lasiertem Holz eine gewisse Urlaubsatmosphäre – zumindest in unseren Augen. Mieze fühlt sich auf dem weichen Kissen besonders wohl und ist hier rundum vor einem kühlen Lüftchen oder aber zu viel Sonne geschützt.

Gemütlicher Schlafplatz

Diese Höhle besteht aus naturfarbener Wasserhyazinthe, die auf einen stabilen Metallrahmen geflochten ist. Der Bezug des Kissens mit Reißverschluss ist waschbar.

Villa Kunterbunt

Ein Umzugskarton mit abwaschbarer Folie beklebt, einen Eingang hineingeschnitten, einen Vorhang und ein Sitzkissen mit doppelseitigem Klebeband angebracht – fertig ist das Katzenhaus.

Natur pur

Im Winter kuschelig warm, im Sommer angenehm kühl. Die Filzhöhle PEBBLE von Lucy Balu besteht aus 100 Prozent Wolle, ist selbstreinigend und geruchsneutral. Jede Höhle ist ein Unikat. Unsere kätzischen Tester waren begeistert.

Kratzen und Ruhen zugleich

Dieses Cat-on®-Naturprodukt besteht aus stabiler Wellpappe. Unsere tierischen Tester gaben das Qualitätsurteil »sehr gut«. Prima geeignet zum Kratzen und Ruhen. Cat-on-Produkte gibt es in verschiedenen formschönen Designs.

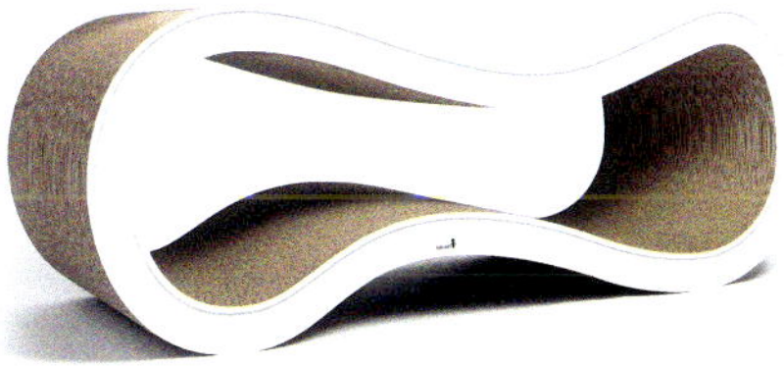

Katzenhaus Pueblo

In der unteren Etage kann Mieze sich verstecken und beobachten, ohne gesehen zu werden. Die obere dient unter anderem als Aussichtsplattform. Die kuscheligen Kissen sind waschbar. Ein Möbelstück ganz nach Katzengeschmack.

Futter-, Wasser- und Toilettenplätze

Vielleicht fragen Sie sich, was es denn zu diesen Themen Wichtiges zu sagen gibt. Ist doch klar, dass Katzen einen Futter- und Wassernapf ebenso wie ein Klo brauchen. Doch so einfach ist die Sache nicht. Auch in diesen Dingen haben die Miezen ihre eigenen Vorstellungen.

Besonderes Tafelgeschirr

Lucie ist eben erst bei ihren Menschen eingezogen. Alles, was sie vorfindet, kann Lucie mit dem Qualitätsurteil »gut« bewerten. Doch jetzt hat sie richtig Hunger. In der Küche steht ihr Futternapf, der sofort mit leckerem Futter gefüllt wird. Ganz nach Katzenart beschnuppert Lucie vorsichtig die Mahlzeit und weicht entsetzt zurück. Der Futternapf besteht aus billigem Kunststoff und strömt einen ekelhaften Geruch aus. Und diesen Geruch kann Lucie nicht abhaben.

Das richtige Geschirr Empfehlenswert sind Futternäpfe aus Keramik, Porzellan oder Edelstahl. Sie müssen standfest, leicht zu reinigen und zudem rutschfest sein.

Anzahl der Futternäpfe Leben mehrere Katzen im Haus, sollte jede ihren eigenen Napf besitzen. Obwohl junge Kätzchen und befreundete Tiere auch mal gern gemeinsam aus einem »Topf« schmausen.

Der richtige Futterplatz Die meisten Wohnungskatzen haben ihren Futterplatz in der Küche. Und das ist auch gut so. Hauptsache, sie können in Ruhe ihr Mahl verspeisen und dürfen auch kleckern, was durchaus katzentypisch ist. Futterbrocken werden nämlich manchmal auch hin und her geschüttelt, so wie es auch Katzen draußen vor dem Verzehr mit ihren Beutetieren machen, um diese von Staub und Schmutz zu befreien.

Frisches Grün wird gern vom »Baum« direkt gepflückt, wie hier das Zypergras.

Attraktive Wasserstellen in der Wohnung

Die Trinkvorlieben der Katzengesellschaft sind unterschiedlich. Manche mögen's tröpfchenweise, wie hier zu sehen.

Für uns gehören Essen und Trinken zusammen – nicht so für unsere kleinen Wohnungstiger. Sie stillen ihren Durst lieber an verschiedenen Trinkquellen in der Wohnung, vor allem aber abseits von ihrem Futterplatz (→ Seite 36). Stellen Sie Ihrer Katze mindestens zwei Wasserquellen zur Verfügung: eine am beliebtesten Wanderweg, die andere etwa in der Nähe des geliebten Aussichtsplatzes wie zum Beispiel der Fensterbank (→ Seite 45).

Zum Trinken verführen Es gibt kein Patentrezept für Trinkquellen, die alle Katzen gleichermaßen gern annehmen, ebenso wenig wie für die Wasserqualität, die sie bevorzugen. Die einen lieben abgestandenes Wasser, die anderen sprudelnde Quellen, manche trinken am liebsten vom tropfenden Wasserhahn, und wieder andere stillen ihren Durst nur auf dem Balkon (→ Seite 49). Probieren Sie aus, was Ihr kleiner Tiger mag.

- Für viele Katzen ist ein Zimmerbrunnen zum Trinken, Spielen und Beobachten der Hit. Wasser, das frei auf eine Oberfläche plätschert, animiert zum Trinken. Außerdem sorgt der Zimmerbrunnen für ein gutes Raumklima und ein anliegendes Fell, das sich sonst bei trockener Heizungsluft elektrostatisch auflädt. Hoch im Kurs stehen Modelle mit Kugeln, die sich drehen (→ Foto, Seite 37) oder bei denen das Wasser über kleine Kaskaden herabfällt. Sehr hartes Leitungswasser sollte über Aktivkohle gefiltert werden, damit die Pumpe des Brunnens nicht zu schnell verkalkt. Destilliertes Wasser ist nicht als Trinkwasser für Katzen geeignet!
- Spezielle Katzentrinkbrunnen lassen mithilfe einer Pumpe das Wasser zirkulieren oder leiten es in einem regulierbaren Strahl wieder ins Becken zurück. Auch darauf steht eine beträchtliche Anzahl Stubentiger. Achten Sie jedoch auf die Qualität des Produkts: Das Modell sollte standfest und leicht zu reinigen sein, nur leise Pumpgeräusche von sich geben und nicht schon nach kurzer Zeit Zusatzfilter und Ersatzteile benötigen.
- Auch ein Miniteich Marke Eigenbau ist schnell gezaubert. Nehmen Sie beispielsweise ein hübsches Terrakottagefäß, nur so hoch, dass sich die Katze am Rand bequem abstützen kann. Füllen Sie es mit Leitungswasser. Geben Sie einige Wasserlinsen oder Muschelblumen dazu. Fertig. Wasser immer wieder auffüllen und den »Teich« hin und wieder mit heißem Wasser (ohne Reinigungsmittel) reinigen.

Der standfeste »Lucky-Kitty«-Keramik-Trinkbrunnen ist auch sehr gut für große Katzen geeignet.

»Fresh Flow« nennt sich dieser Wasserspender, dessen »Wasserfall« sich aus dem oberen Teil ergießt.

Katzen kleckern gern. Deshalb ist es sinnvoll, ein Platzdeckchen unter den Napf zu legen.

In einem Mehrkatzenhaushalt braucht jede Katze selbstverständlich ihr eigenes Tafelgeschirr.

Das stille Örtchen

In Toilettenfragen sind Katzen heikel. Ein sauberes Katzenklo ist Pflicht, ansonsten wird es nicht benutzt, oder Mieze sucht sich einen Platz nach ihren Vorstellungen. Sie möchte keinesfalls bei ihren »Geschäften« beobachtet oder durch laute Geräusche wie etwa das Schleudern der Waschmaschine im Bad gestört werden. Das Klomodell muss vor allem so groß sein, dass man darin scharren kann, und die Einstreu darf nicht in die Pfoten piksen.

Trinken: Warum Katzen lieber zur Wasserstelle wandern

Anfangs stand Mimis Wassernapf neben dem Futternapf in der Küche. Selbstverständlich wurde ihr Napf täglich erneut mit frischem Wasser gefüllt, obwohl er noch voll war. Dagegen verlor die wassergefüllte Glasschale mit den Schwimmkerzen im Wohnzimmer jeden Tag sichtbare Mengen ihres Inhalts.Verdunstet Wasser so schnell? Nein. Mimi schmeckt aber offenbar das abgestandene Wasser in der Glasschüssel besser.

Katzen kommen generell mit wenig Wasser aus. Das hängt mit dem Erbe ihrer Vorfahren, den Falbkatzen, zusammen, die in den trockenen Steppen- und Savannengebieten Nordafrikas zu Hause sind. Daraus resultiert eine Besonderheit: Die Nieren der Katze können mehr Wasser zurückhalten, als dies bei anderen Tierarten der Fall ist. Für Wüsten- und Halbwüstenbewohner ist dies lebenswichtig, denn die Wege zu Wasserstellen sind oft weit.

WASSER IM FUTTER

Katzen, die sich von der Jagd ernähren, decken ihren Flüssigkeitsbedarf weitestgehend durch Beutetiere. Eine Maus besteht immerhin bis zu 70 % aus Wasser. Und auch Feuchtfutter hat einen bis zu 80%igen Wasseranteil. Kritisch wird es nur, wenn die Katze vorwiegend mit Trockenfutter ernährt wird und wenig trinkt. Trockenfutter enthält nämlich nur etwa 10 % Wasser. Das kann in der Folge zum Beispiel zu Blasenentzündungen, Harnsteinen und Nierenproblemen führen. Auch ältere Katzen trinken oft zu wenig.

MEHRERE WASSERSTELLEN ANBIETEN

Die wilden Vorfahren unserer Hauskatzen trinken dort, wo sie auf ihren Wanderungen Wasser finden, nicht aber an dem Platz, an welchem sie ein Beutetier erlegt und verzehrt haben. Das ist auch nicht nötig, weil ja die Beute ihren Flüssigkeitsbedarf zunächst deckt und Wasserstellen knapp sind. Auch unsere Hauskatzen zeigen dieses Verhalten. Sie trinken nicht direkt nach der Mahlzeit und verschmähen oft das Wasser neben dem Futternapf. Bieten Sie deshalb Ihrem Wohnungstiger an verschiedenen Stellen in der Wohnung Trinkmöglichkeiten an (→ Seite 34).

Wie viele Klos? Für eine Katze sind zwei Toiletten besser als eine. Für mehrere Katzen gilt: immer ein Klo mehr, als Samtpfoten im Haushalt leben.
Der richtige Platz Toiletten müssen jederzeit zugänglich sein und fern von Futter- und Schlafplatz stehen. Das Bad ist ein guter Platz. Auch eine ruhige Flurecke oder ein geschütztes Plätzchen auf dem Balkon (→ Seite 49) eignet sich. Bei mehreren Etagen muss jede über ein Katzenklo verfügen.
Welches Modell? In Katzenkreisen möchte man auch bei der Erledigung seiner Geschäfte den Überblick behalten, deshalb werden offene Modelle bevorzugt. Das Klo muss so groß sein, dass die Katze noch bequem darin scharren kann. Es sollte einen mindestens 20 Zentimeter hohen Rand haben. Für junge Katzen und Senioren ist eine Toilette mit niedrigem Einstieg sinnvoll. Haubentoilette mit Klappe oder Klos, die in Schränken »versteckt« sind, lehnen viele Katzen ab. In solchen »Höhlen« konzentrieren sich – trotz eingebautem Filter – Toilettengerüche. Ein Gräuel für feine Katzennasen.
Katzenstreu Sie sollte geruchsfrei, locker und staubfrei sein. Ob klumpende oder aufsaugende Streu, ist Geschmackssache. Erkundigen Sie sich beim Abholen der Katze, welche Streu sie gewöhnt ist.

TIPPS & TRICKS

Eine neue Streusorte sollten Sie nur peu à peu gegen die alte tauschen. Mischen Sie sie nach und nach unter die bisherige Streu oder stellen Sie ein weiteres Klo mit der neuen Streu auf. So kann Mieze selbst wählen.

Ein perfekter Trinkbrunnen. Pumpe und Schlauch sind in der Kugel eingebaut. Das Wasser kann munter plätschern oder sanft quellen.

Wasserspiele – Pablo und Amelie auf Angeltour

Was ist denn das?

Auf dem Wasser schwimmen Wasserlinsen. Fasziniert, aber vorsichtig stupst Pablo die unbekannten kleinen grünen Blättchen mit der Pfote an. Man weiß ja nie, wie die Dinger reagieren. Doch die Neugierde plagt Katzen in jedem Alter. Ein Zeichen für ihre Intelligenz. Nur wer der Sache auf den Grund geht, kann seinen Erfahrungsschatz erweitern.

Leckerli angeln

Amelie liebt die Glasschale mit Wasser. Man kann wunderbar seinen Durst stillen, und es bieten sich tolle Möglichkeiten für eine Leckerlijagd. Einmal müssen die begehrten Häppchen aus den künstlichen Seerosenblüten geangelt werden (→ links), einmal liegen sie auf dem schwankenden Floß aus Korken, die mit Bast zusammengebunden wurden (→ rechts). Das Ergattern ist selbst für geschickte Katzenpfoten eine Herausforderung.

Schon wieder etwas Neues

Der kleine Pablo beobachtet zunächst einmal nur genau, wie sich die kleinen Glasschälchen mit den Leckerli auf der Wasseroberfläche hin und her bewegen. Wie soll er da herankommen? Später löst Pablo das Problem ganz zufällig. Er taucht die Pfote ins Wasser und treibt durch diese Bewegung die Glasschälchen an den Schüsselrand. Von da aus ist alles ein Kinderspiel.

Der Catwalk – die dritte Dimension

Mit einem Laufsteg in luftiger Höhe erfüllen Sie einen Herzenswunsch Ihrer Katze. Endlich kann sie ihr Wohnungsrevier auf verschiedenen Wanderwegen und von hoher Warte aus inspizieren. Und nicht zu verachten: Miezes Lebensraum hat sich so auf wunderbare Weise vergrößert.

Abenteuerpfad in der Wohnung

Seit zwei Wochen gibt es in der Zweizimmerwohnung – immerhin mit einem kleinen begehbaren Balkon – für Bonita, die hübsche Maine-Coon-Katzin, eine neue Attraktion. Unterhalb der Wohnzimmerdecke verläuft ein Bretterpfad. Jetzt kann Bonita nicht nur auf dem Boden, sondern auch hoch oben an der Wand entlanglaufen. Ganz erstaunlich ist die neue Perspektive für Bonita auf Lukas: Von hier oben sieht ihr Mensch gar nicht wie ein Riese aus, sondern wirkt eher klein und weniger beeindruckend auf die Kätzin. Doch das tut ihrer Zuneigung keinerlei Abbruch – im Gegenteil ...

Grundregeln für Catwalks Orientieren Sie sich bei der Gestaltung an dem, was eine Freigängerkatze draußen erlebt (→ Seite 44). Bauen Sie beispielsweise Lücken ein, die Mieze überspringen muss, oder ein Stück dickes Tau, das sie zum Balancieren animiert. Legen Sie den Pfad so an, dass er nicht in einer Sackgasse endet wie etwa vor der nächsten Wand, sondern vielleicht auf der Fensterbank. Bauen Sie Rastplätze zum Beobachten und Ruhen ein. Kombinieren Sie verschiedene Materialien wie Bretter, die mit Teppichboden bezogen sind, naturbelassenes Holz, Kratzflächen aus Sisal oder Sackleinen und Plüschtunnel. Hinauf auf den Laufsteg und hinunter kommt die Katze zum Beispiel über eine kleine Leiter, eine Sisalsäule, ein Stück Sisalteppich, das an der Wand befestigt ist, oder über eine Holzrampe.

Rastplatz auf dem Catwalk. Von hier oben sieht die Welt ganz anders aus.

Von einfach bis anspruchsvoll

Bei der Gestaltung eines Catwalks sind Ihrer Fantasie kaum Grenzen gesetzt. Heimwerker finden das Passende im Baumarkt, Einzelelemente wie Hängematten oder Tunnel, die Sie in den Laufsteg integrieren können, gibt es im Zoofachhandel. Natürlich haben Sie auch die Option, sich den Catwalk von Mitarbeitern einer Katzenboutique oder von einem Kratzbaumhersteller nach Ihren räumlichen Gegebenheiten »maßschneidern« und einbauen zu lassen. Viele Angebote dazu finden Sie im Internet.

Der einfache Catwalk Es ist erstaunlich, mit welch wenigen Mitteln man seinem vierbeinigen Liebling einen Kletter- und Laufsteg an der Wand schaffen kann. Nehmen Sie beispielsweise ein paar Regalbretter und bekleben Sie sie mit Teppichboden oder Sisalmatten. Befestigen Sie die Bretter zum Beispiel mit Winkelhaken an der Wand.

Meine Freundin hat zickzackförmige Wandregale zu einer Wandtreppe für ihre beiden Katzen umfunktioniert und sie so angebracht, dass dazwischen ein gemütlicher Ruheplatz in Form einer Hängematte Platz hat. Und noch eine schöne Idee: Durch einen langen, schmalen Flur führt ein zickzackför-

Dieser Catwalk besteht aus Bambushölzern und unbehandelten Massivholzbrettern.

Mieze muss sich mit voller Körperlänge an der Kratzsäule aufrichten können.

Echte Fellstreifen riechen nach Wildtier und steigern die Attraktivität des Catwalks.

In dieser bequemen Position macht das Beutetraining ganz besonderen Spaß.

miger Laufsteg aus naturbelassenen Brettern. Als Auf- und Abstieg dienen mit Teppichboden oder Sisal bezogene Holzplattformen, die mit Winkelhaken an der Wand befestigt sind und versetzt an der Wand entlang nach oben zum Steg führen. Der Abstand der Bretter sollte unbedingt Katzenkörperlänge betragen.

Wer Natur pur mag, kann sich dicke Äste in die Wohnung holen und sie als Wegenetz unterhalb der Zimmerdecke verlaufen lassen. Umwickeln Sie Teile der Äste mit Sackleinen, Baumwollteppichen und dicken Kordeln. Hieran kann Mieze die reinsten Kratzorgien veranstalten.

Der anspruchsvolle Catwalk Solch ein Laufsteg besteht zum Beispiel aus naturbelassenen Brettern und ist mit einem niedrigen Holzgeländer versehen. Er verläuft etwa 50 Zentimeter unterhalb der Decke an den Zimmerwänden entlang. Dazwischen gibt es zimmerhohe Kletter- und Kratzsäulen aus Vier- beziehungsweise Sechskanthölzern, die mit Sisal umwickelt sind. Wenn Sie Wohnungseigentümer sind, können Sie in Höhe des Laufstegs Durchgänge in der Wand schaffen, sodass Ihre Katze von einem Zimmer zum anderen wandern kann.

Der Catwalk über zwei Ebenen auf dem Foto links wurde aus Bambushölzern und Leimholzplatten konstruiert. Die runde Kratzsäule ist mit starken Dübeln an der Decke befestigt und im oberen Teil in einem Abstand von 15 Zentimetern mit Sisal umwickelt. Damit Mieze auf den glatten Brettern des Walks nicht abrutscht, wurden sie mit Sisalteppich beklebt. Interessant ist auch der Walk auf Seite 40, der unterhalb der Zimmerdecke montiert ist.

Trimm-dich-Pfad und Abenteuer bietet folgende Idee für einen Catwalk: An der Wand entlang führen ungefähr 20 Zentimeter breite und 2 bis 3

TIPPS & TRICKS

Den Catwalk legen Sie so an, dass Mieze einen Rundgang machen kann und er nicht in einer Sackgasse endet. Auch in der Natur patrouilliert die Katze ihr Revier am liebsten auf einem Rundkurs.

Revierverhalten: Der gute Überblick und immer gleiche Wege

Valentin ist Freigänger. In seinem Revier verfügt der Kater über einen geschützten Schlafplatz – eine alte Obstkiste aus Holz –, mehrere erhöhte Plätze zum Ruhen, Sonnenbaden und Beobachten, einen kleinen Gartenteich als Trinkquelle, verschiedene Mäuse versprechende Jagdgebiete und einige Kratz- und Markierstellen. Alles ist mit einer Art festem Wegenetz verbunden, das zu bestimmten Tageszeiten von Valentin patrouilliert wird.

In Gebieten mit einer dichten Katzenbevölkerung sind die einzelnen Reviere klein und überlappen sich manchmal beträchtlich. Dennoch trifft man eine Katze in der Regel bei der Revierkontrolle und auf ihren Jagdzügen allein an.

DIE KUNST, SICH AUS DEM WEG ZU GEHEN

Gerade dort, wo mehrere Katzen sich kleine Reviere teilen, zeigt sich das außerordentliche strategische und diplomatische Talent der Samtpfoten. Müssen etwa Wege an den Reviergrenzen gemeinsam genutzt werden, haben Katzen das Timesharing scheinbar extra dafür erfunden. Das Wegerecht wird nach einem genauen Terminplan genutzt, sodass man sich nicht ins Gehege kommt. Und begegnet man sich doch einmal zufällig, gibt es verschiedene Strategien, um »handgreifliche« Auseinandersetzungen zu vermeiden.

GEPFLEGTER RÜCKZUG

Bei einem ungeplanten Treffen dreht man sich entweder einfach um und geht weg, oder aber die beiden Kontrahenten starren sich so lange an, bis einer die Nerven verliert und freiwillig das Feld räumt. Nur wenn jemand partout nicht begreifen will, dass sein Gegenüber vielleicht ältere Rechte hat, kann es »Ohrfeigen« setzen.

WOHNUNGSKATZEN

Leben mehrere Katzen in einem »Wohnungsrevier«, werden zum Beispiel beliebte Aussichtsplätze und Wanderwege ebenfalls nach einem bestimmten Zeitplan genutzt, um sich nicht in die Quere zu kommen. Eng befreundete Katzen unterstreichen allerdings ihre gute Beziehung zueinander, indem sie gemeinsam auf einem gemütlichen Plätzchen miteinander kuscheln.

Zentimeter dicke Bretter zum Beispiel über den Türrahmen bis zum nächsten Schrank. Dazwischen muss über ein Stück dickes Tau (fest an den Brettern verankern!) balanciert, ein etwa 40 Zentimeter langes »Loch« im Pfad durch einen Sprung bewältigt und durch einen Plüschtunnel, der den Pfad unterbricht und an der Wand befestigt ist, gekrochen werden.
Vom Schrank aus kann Mieze den Kratzbaum erreichen, und von hier aus geht's direkt auf den unterhaltsamsten Aussichtsplatz in der Wohnung – die Fensterbank.

Die Fensterbank – ein Platz in der ersten Reihe

Ein Aussichtsplatz par excellence. Das Brett wird an die Fensterbank geklemmt.

Es ist immer wieder faszinierend zu sehen, wie die Katze stundenlang die Fensterbank belegt, sich in der Sonne räkelt, dazwischen eine kleine Siesta einlegt und dann wieder interessiert beobachtet, was sich da draußen so alles tut. Bei geöffnetem und selbstverständlich gesichertem Fenster (→ Seite 52 und Seite 67) wehen auch noch aufregende Düfte von einem nahe gelegenen Baum, aus Nachbars Küche, dem vorbeifliegenden Vogel oder dem Hund, der gerade unter dem Fenster spazieren geführt wird, herein. Und die unterschiedlichen Geräusche wie etwa Vogelgezwitscher, fahrende Autos oder das Summen fliegender Insekten vermitteln Mieze ein Stück das Gefühl, an der Außenwelt teilzunehmen. Der Fensterplatz ist für Katzen ohne Freigang wie fernsehen mit wechselndem Programm.
Den Fensterplatz gemütlich gestalten In vielen Wohnungen sitzt der Heizkörper unter dem Fensterbrett. Kann es in der kühlen Jahreszeit ein kuscheligeres Ruhe- und Beobachtungsplätzchen für eine Katze geben – vorausgesetzt es zieht nicht durch die Ritzen? Spätestens, wenn Ihr Stubentiger keinen Gebrauch von der Fensterbank machen will, sollten Sie auch in Ihrem Interesse prüfen, ob alles dicht ist. Weich und behaglich wird das Fensterbrett beispielsweise durch eine rutschfeste, waschbare Polsterauflage aus dem Zoofachhandel oder ein waschbares Baby-Lammfell. Besonders im Winter sorgt ein Schmusekissen – abwechselnd mit Wiesenheu, trockenem Laub, Baldriankraut, Katzenminze oder Stroh gefüllt – für Dufterlebnisse der besonderen Art. Und vielleicht findet auch noch ein Schälchen Katzengras als Verdauungshilfe auf der Fensterbank Platz. Übrigens, Katzengras ist nichts anderes als Getreidesaat wie Hafer, Weizen, Hirse, Gerste oder Roggen. Fertige Samenmischungen gibt es zu kaufen. Zur Anzucht am besten Terrakottagefäße benutzen und sie zu einem Drittel mit Blähton oder Kieselsteinen als Drainageschicht füllen. Darüber kommt Aussaaterde, dann der zuvor einige Stunden in lauwarmem Wasser gequollene Samen und darauf eine dünne Schicht Erde. Die Erde stets feucht, jedoch nie nass halten. Etwa zehn Tage später ist »Wiese« gewachsen.

Die Fensterbank verbreitern Selbst wenn nur ein Ausblick in den schattigen, kahlen Hinterhof lockt – Mieze quetscht sich sogar auf das schmalste Fensterbrett, um einen Blick nach draußen zu werfen. Doch bequem ist anders. Im Zoofachhandel finden Sie einfach zu montierende Verbreiterungen oder Fensterliegen, die mithilfe von Schraubklemmen befestigt werden. Wenn Sie zu den passionierten Heimwerkern gehören, ist ein toller Fensterplatz ganz einfach zu bauen. Lassen Sie sich im Baumarkt ein passendes Brett zuschneiden und befestigen Sie es mit Schraubzwingen an der Fensterbank. Für Gemütlichkeit sorgt eine weiche Schaumstoffauflage, die mit einem hübschen waschbaren Stoff bezogen wird. Rutschfest wird die Auflage mithilfe von doppelseitigem Klebeband – fertig.
Alternativen Sie haben keine Fensterbänke? Dann richten Sie Mieze trotzdem einen Fensterplatz ein. Meine Freundin hat einen hohen Wäschekorb aus Seegras mit Deckel zu einem Sitzplatz umfunktioniert, ihn mit schweren Steinen im Inneren standsicher gemacht und eine Kissenauflage mithilfe von Gummibändern befestigt. Der Korb dient auch als Spielzeugkiste.

EXPERTIN KATZE

WARUM IST EIN LAUFSTEG AN DER WAND FÜR KATZEN WICHTIG?

Kater Balu spricht für die Wohnungskatzengesellschaft.

Hat der Catwalk deine Lebensqualität entscheidend verbessert?

Solch eine Frage können nur Menschen stellen. Erstens beobachten wir unser Revier gern aus verschiedenen Perspektiven. Zweitens fühlen wir uns auf Plätzen, die über dem Boden liegen, besonders sicher. Drittens sorgen begehbare Wände für mehr interessante Wanderwege durch die Wohnung. Und viertens können wir so auch mal auf Abstand gehen, wenn wir zum Beispiel keine Lust auf Streicheleinheiten haben. In meinem Fall ist der Catwalk der reinste Segen. Hier bringe ich mich vor den Kindern in Sicherheit. Sie wollen oft gerade dann mit mir spielen, wenn ich lieber ein Nickerchen machen möchte.

Gibt es eine sinnvolle Alternative für den Laufsteg an der Wand?

Es muss durchaus nicht der perfekt gestylte Catwalk sein. Dankbar sind wir auch schon für begehbare Regale, Schrankdächer und vielleicht einen kleinen Klettergarten im Flur. Solch ein Klettergarten ist im Handumdrehen gebaut und kostet nicht viel. Man braucht dazu nur ein paar Regalbretter, die mit Teppichboden beklebt werden, damit ich nicht abrutsche. Dann die Bretter sicher und mit Abstand an der Wand versetzt von unten nach oben befestigen – so kann ich prima rauf- und runterklettern. Noch interessanter wird's, wenn ich vom obersten Brett zum Beispiel auf das Schrankdach springen kann.

Das Fensterbrett wurde hier nach außen verbreitert. Der Beobachtungsposten auf dem Minibalkon ist für die Katzen Entertainment pur.

Der Fensterbalkon

Vielleicht teilen Sie Ihr Heim mit ausgesprochenen kätzischen Frischluftfanatikern, verfügen aber weder über einen Balkon noch einen gesicherten Gartenanteil. Eine komfortable Variante zum Sitzplatz auf oder vor der Fensterbank ist der gesicherte Fensteraustritt (→ Foto, oben). Hier kann sich Ihr kleiner Tiger bei schönem Wetter in der Sonne aalen, sich allerlei interessante Gerüche um die Nase wehen lassen oder den fallenden Blättern zusehen. Die Konstruktion auf dem Foto besteht aus wetterbeständigen Alurohrrahmen, auf die ein V2A-Stahlnetz gezogen wurde. Will man gleichzeitig Insekten fernhalten, gibt es dazu ein passendes V2A-Stahlfliegengitter (→ Insektenstiche, Seite 168). Als Fensterbrettplatte nach außen wurde eine wetterresistente Vollkernkunststoffplatte verwendet. Statten Sie jetzt noch den Minibalkon mit einer rutschfesten Polsterunterlage, ein oder zwei duftenden Kräutertöpfchen und einem Schälchen mit Katzengras aus (→ Pflanzen, Seite 53), dann ist die Wellnessoase perfekt. Es ist natürlich selbstverständlich, dass das Fenster geöffnet bleibt, damit die Katze sich jederzeit zurück in die Wohnung begeben kann.

TIPPS & TRICKS

Ein Vogelfutterhaus bietet im Winter vor dem Fenster ein spannendes Unterhaltungsprogramm für Wohnungskatzen. Den Piepmätzen droht in diesem Fall keine Gefahr.

Der Balkon – Frischluft-oase mit Spaßeffekt

Faul in der Sonne liegen, sich ein laues Lüftchen um die Nase wehen lassen, aufregenden Gerüchen nachgehen, das leise Surren der Insekten hören, andere Tiere und Menschen beobachten – so lässt sich's aushalten ...

Ein Balkon nach Katzengeschmack

Balu ist durch die Katzenklappe auf den Balkon geschlüpft (→ Seite 65). Was für ein schöner Tag! Sichtlich zufrieden und entspannt schlendert er mit lässig nach unten hangendem Schwanz und leicht nach oben gebogener Schwanzspitze durch sein kleines Paradies. Doch damit der Traum vom Katzenbalkon nicht zum Albtraum wird, steht an erster Stelle die Sicherheit. Zum einen, um einem Absturz der Katze vorzubeugen, zum anderen, um sie daran zu hindern, Ausflüge in die Nachbarschaft zu unternehmen (→ Seite 52 und Seite 70).

Auf dem Balkon im weichen Hängebett schlafen und träumen. Was will man mehr?

Gute Aussicht Ebenso wie im Wohnungsrevier schätzen Katzen auch auf dem Balkon verschiedene Wanderwege und eine gute Aussicht. Machen Sie deshalb die Balkonbrüstung für Mieze begehbar. Mit ein paar naturbelassenen Brettern ist der Katzensteg knapp unterhalb des Geländers schnell verlegt. Dünne Baumstämme – waagerecht innen an der Brüstung angebracht – vermitteln ein Gefühl von Natur pur. Umwickeln Sie Teile des Stamms zum Beispiel mit Sackleinen, einem Baumwollteppich und einer dicken Kordel. Hier kann Ihre Katze tüchtig kratzen. Auch mit nach innen angebrachten, sicher befestigten Blumenkästen bieten Sie ihr einen »Blick über den Tellerrand« und vielleicht sogar einen richtigen Abenteuerpfad. Nicht alle Kästen müssen bepflanzt sein. Einer kann beispielsweise bis zur

Hälfte mit großen runden Kieselsteinen gefüllt werden, ein anderer mit Korkplattenteilen. Dazwischen gibt es vielleicht Pflanzen zum Riechen und Knabbern. Im Grunde sind auch hier Ihrer Fantasie keine Grenzen gesetzt. Als kleine Lösung für einen guten Aussichts- und Ruheplatz am Balkongeländer bietet sich ein Sitzbrett an. Eine kostengünstige Variante: Blumenkastenhalter nach innen hängen und dazwischen Blumenkastenuntersetzer klemmen. Darüber eine passend zugeschnittene rutschfeste Matte legen. Versehen Sie die Untersetzer mit Löchern, damit Wasser ablaufen kann.

Kletterbaum und Baumhaus Preiswert ist ein Baumstamm mit Verzweigungen, der senkrecht in einer Balkonecke mithilfe von Schellen oder dicken Seilen befestigt wird. Nach außen überstehende Äste kappen. Steht der Baum an einer Hauswand, fehlt neben dem Gipfel nur noch ein Baumhaus zum Relaxen – etwa eine alte Holzobstkiste. Aus einer leeren Teppichrolle (Baumarkt), die mit Sisal oder dickem Seil umwickelt wird, lässt sich ein prima Kratz- und Kletterbaum herstellen. Die Seilenden können mit Regenrohrschellen verklemmt werden, und die Rolle muss fest verankert sein. Auch der Fachhandel bietet wetterbeständige Kratz- und Kletterbäume an.

Terrassentraum für Mieze: das wetterfeste Katzenhaus »Lodge« und ein Holzbottich mit Wasser und Pflanzen zum Pfotenkühlen.

Kletterpflanzen wie Kapuzinerkresse und Zaunwinde umranken das hängende Weidenkörbchen. Für Mieze ein tolles Versteck und Ruheplätzchen.

Der große Terrakottablumentopf mit Spargelkraut übt auf die Katze eine magische Anziehungskraft aus. Ein Chill-out-Platz allererster Güte.

Relaxen und entspannen Hauptsache, geschützt und warm. Das sind auch auf dem Balkon die wichtigsten Kriterien für Miezes Ruheoasen. Holz- und Korkfliesen zum Beispiel speichern Wärme. Eine »Höhle« aus Backsteinen mit einem schweren Brett als Dach darüber (darf nicht kippen!) ist schnell gezaubert. Gegen ein Nickerchen im gemütlichen Korbsessel gibt es vonseiten der Katzen mit Sicherheit nichts einzuwenden. Zum Lieblingsruheplatz erklären viele auch bepflanzte Terrakottagefäße. Diese müssen nur groß genug und standfest sein. Und selbst auf einfachen Brettern, die mit Winkelhaken an der Hauswand befestigt sind, lässt es sich wunderbar entspannen. Übrigens gibt es auch viele formschöne Outdoormöbel für Katzen im Fachhandel zu kaufen (→ Fotos, Seite 30/31).
An heißen Sommertagen braucht die Katze ein schattiges Plätzchen, zum Beispiel eine luftige Korbhöhle oder ein »Bett« zwischen hohen Pflanzen. Auch ein Sonnenschirm oder ein Stück Segeltuch, das mit Karabinerhaken in das Katzennetz eingehängt wird, sorgt für Schatten.
Spaßmacher Dicke Taue, waagerecht angebracht, animieren zum Balancieren, senkrechte Taue zum Klettern und Schwingen. Eine kleine Strickleiter (Läden für Bootszubehör) sorgt für Kletterspaß. Korkketten (→ Foto, Seite 201) und »Zöpfe« aus alten T-Shirt-Streifen (→ Foto, Seite 189) schaffen am Kletterbaum Abwechslung. Ein großer wassergefüllter Blumentopfuntersetzer und schwimmende Korken, Tischtennisbälle oder größere leere Teelichtbehälter, mit Trockenfutterstückchen gefüllt, vertreiben die Zeit mit Angeln. Stellen Sie Topfpflanzen so hintereinander oder in Gruppen auf, dass Mieze sich durch diesen Naturerlebnispfad schlängeln kann.

TIPPS & TRICKS

Eine »Katzentreppe« auf dem Balkon lässt sich mit verschieden dicken Rundhölzern zum Beispiel entlang des Balkongeländers bauen. Auch aus Pflanzsteinen, zum Teil mit runden Kieseln gefüllt, kann eine Treppe entstehen.

Absturz: Warum Katzen nicht immer auf den Pfoten landen

Es hält sich hartnäckig, das Märchen von Katzen, die immer auf den Pfoten landen und denen nichts passiert, selbst wenn sie aus großer Höhe in die Tiefe stürzen. Die Statistiken von Tierärzten und Tierkliniken widerlegen dies eindeutig. Schon ein Sturz aus geringer Höhe kann schmerzhafte Prellungen, komplizierte Knochenbrüche und schwere innere Verletzungen für das Tier zur Folge haben. Nicht selten endet der Absturz tödlich.

Es stimmt, dass Katzen in der Lage sind, ihren Körper im Fall automatisch so zu drehen, dass sie auf allen vieren landen. Zu verdanken ist dies ihrem hervorragenden Gleichgewichtssinn, der im Innenohr sitzt. Gleichgewichtssinn und Muskulatur geben Informationen an das Kleinhirn weiter. Dieses wiederum greift in die Steuerung der Bewegung ein. Der sogenannte Stellreflex tritt in Kraft, den Katzen schon mit etwa fünf Wochen beherrschen.

DER SCHWANZ, DAS STEUERRUDER

Im freien Fall funktioniert der Stellreflex ganz automatisch: Fällt die Katze etwa mit dem Rücken voran, dreht sie zunächst den Kopf und die Vorderpfoten in Fallrichtung. Dann zieht sie die Hinterbeine an. Durch das Rudern mit dem Schwanz gelingt es ihr, auch den Hinterkörper zu drehen. Jetzt zeigen alle vier Pfoten zum Boden. Schließlich streckt sie die Beine aus und macht einen Buckel, um so den Aufprall abzufedern. Der ganze Vorgang dauert nur den Bruchteil von Sekunden. Bereits nach einer Fallstrecke von einem Meter hat sich die Katze komplett gedreht. Allerdings ist diese Drehtechnik bei jungen Katzen noch nicht voll ausgereift.

WENN DIE ZEIT NICHT REICHT

Bei Stürzen aus geringer Höhe kann es sein, dass die Zeit zum Drehen nicht ausreicht. Der Fall aus großer Höhe endet laut Statistik bei jeder fünften Katze tödlich. Sichern Sie deshalb Balkone und Fenster unbedingt mit einem Netz oder Gitter ab (→ Seite 70). Schon so mancher Stubentiger ist im Jagdeifer nach einem Schmetterling oder vor Schreck, weil nebenan plötzlich die Rollläden heruntergelassen wurden, über die Balkonbrüstung bzw. durchs Fenster gestürzt.

Pflanzen für den Katzenbalkon

Pflanzen haben Katzen viel zu bieten. Manche Kräuter wie Katzenminze oder Baldrian lösen Glücksgefühle aus, andere bieten interessante Dufterlebnisse oder helfen bei der Verdauung, wie das Katzengras. Darüber hinaus können sich die kleinen Jäger im Pflanzendickicht wunderbar verstecken. Geeignete Pflanzen für den »Katzenbalkon« finden Sie auf den Seiten 56 und 57. Doch es gibt noch viele weitere Bepflanzungsmöglichkeiten:

Blütenpflanzen Schön sind Fleißiges Lieschen *(Impatiens walleriana* → Foto, Seite 56), Fuchsien *(Fuchsia)*, Großblütige Nachtkerze *(Oenothera grandiflora)*, Petunien *(Petunia)*, Sonnenblumen *(Helianthus annuus* → Foto, Seite 56), Stiefmütterchen *(Viola)*, Margeriten *(Leucanthemum)*, Gänseblümchen *(Bellis perennis)* und Vergissmeinnicht *(Myosotis sylvatica)*.

Beeren Hier eignen sich Erdbeere, Johannisbeere, Himbeere, Brombeere.

Ziergräser Sie lassen sich prima in Kübeln pflegen. Als Sichtschutz dient Chinaschilf *(Miscanthus)*, Elefantengras *(Miscanthus giganteus)*, Reitgras *(Calamagrostis)*, Zimmerbambus *(Pogonatherum paniceum)*. Etwa 50 Zentimeter hoch wird das Zwerg-Zypergras *(Cyperus alternifolius* 'Nana'). Verschiedene Sorten von Seggen *(Carex morrowii)* kommen auch im Halbschatten gut zurecht. Einen vollsonnigen Platz wünscht sich das Engelshaargras *(Stipa tenuissima)*, der zarte Blaustrahlhafer *(Avena sempervirens)* und das Schwingelgras *(Festuca glauca)*. Niedrige, immergrüne Polster bildet das Bärenfellgras *(Festuca gautieri)*. Blauschwingel *(Festuca cinerea)* wächst in Form igelartiger, flacher Horste mit blauen Halmen.

Kräuter und Heilpflanzen Gut eignen sich Baldrian *(Valeriana officinalis* → Foto, Seite 57), Goldmelisse *(Monarda didyma* → Foto, Seite 56), Lavendel *(Lavandula angustifolia)*, Kriechendes Schönpolster *(Callisia repens*, auch als »Golliwoog« bekannt), Katzengamander *(Teucrium marum* → Foto, Seite 56), Katzenminze *(Nepeta cataria* → Foto, Seite 56), Majoran *(Origanum majorana)*, Ringelblume *(Calendula officinalis)*, Salbei *(Salvia officinalis)*, Thymian *(Thymus vulgaris)* und Zitronenmelisse *(Melissa officinalis)*.

Kletter- und Rankpflanzen Zum Begrünen von Wänden und Spalieren eignen sich Wilder Wein *(Parthenocissus quinquefolia* → Foto, Seite 57) und die einjährigen Kletterpflanzen Japanischer Hopfen *(Humulus scandens japonicus)*, Kapuzinerkresse *(Tropaeolum majus* → Foto, Seite 57), Schwarzäugige Susanne *(Thunbergia alata)* und Zaunwinde *(Calystegia sepium)*.

»Katzenwiesenbett« Wie wär's mit einer Katzenliegewiese auf dem Balkon? Hierfür können Sie zum Beispiel einen Kindersandkasten aus Holz nehmen. Legen Sie den Kasten mit Teichfolie aus und geben Sie eine Schicht Blähton oder Kies als Drainage hinein. Darüber Blumenerde (mit Hornspänen als Dünger gemischt). Säen Sie entweder Rasensaat, »Sommerwiese« oder eine Wildblumenmischung ein. Decken Sie die angesäte

Die blaue Holzleiter steht bei der kletterbegeisterten Siamkatze hoch im Kurs.

Wiese so lange mit Drahtgeflecht ab, bis sie so hoch ist, dass Mieze die lockere Erde nicht als Toilette benutzt. Wer es sich einfacher machen will, nimmt maßgeschneiderten Rollrasen. Dazu beispielsweise flache Plastikordnungskästen oder andere geeignete Gefäße wiederum unten mit einer Drainageschicht aus Kies oder Blähton versehen. Darüber kommt Blumenerde und darauf der Rollrasen. Bevor Sie das Rasenbett für Ihre Katze freigeben, sollten Sie dem Rasen etwa zwei Wochen Zeit zum Anwachsen geben. Übrigens knabbert die Katze auch gern an den zarten Grashalmen.

Kleine »Wassergärten« für Balkonien

In Zinkwannen, Keramikgefäßen und Holzbottichen können Miniteiche entstehen. Geben Sie eine Schicht gewaschenen Kies vor der Wasserfüllung auf den Bodengrund und setzen Sie einige Wasserlinsen *(Lemna minor)* und Muschelblumen *(Pistia stratiotes)* hinein. Solch ein Miniteich kommt zwar ohne Technik aus. Eine kleine eingebaute Wasserspielpumpe sorgt jedoch für eine bewegte Wasseroberfläche und hält Mückenbrut fern.

Dachterrasse de luxe: gesichert und mit vielen Beschäftigungsmöglichkeiten für Katzen.

Aus Zinkwannen und -gefäßen mit Wasser und Gräsern entstehen wunderbare Abenteuerspielplätze für die kleinen Tiger.

Ein ausrangierter Sonnenschirmständer wurde zum interessanten rollenden Steingarten für Mieze umfunktioniert.

Und noch ein weiteres interessantes Pflanzbeispiel für ein Gefäß von etwa 60 Zentimetern Durchmesser und 40 Zentimetern Höhe: Setzen Sie ein Hechtkraut *(Pontederia cordata)* und einen Zwerg-Rohrkolben *(Typha minima)* in den Behälter und geben Sie Wasserlinsen *(Lemna minor)* dazu. Gibt es neben dem Miniteich noch einen kleinen Beobachtungsplatz, liegen manche Katzen stundenlang am Wasser und genießen den Anblick. Auch Brunnen mit plätscherndem Wasser sind in Katzenkreisen sehr beliebt (→ Seite 34). Besonders empfehlenswert ist der auf Seite 37 abgebildete Trinkbrunnen, der mit einem Fassungsvermögen von sechs bis sieben Litern Wasser auch auf einen sehr kleinen Balkon passt.

NEUES AUS DER KATZENWELT: **TRINKEN**

- Forscher in Boston haben das Trinkverhalten der Katze untersucht. Die Katze taucht ihre Zunge ins Wasser ein, knickt sie leicht nach hinten ab und zieht sie schnell zurück. Dabei entsteht eine Wassersäule.
- Durch die Adhäsion, die Anhangkraft ihrer Zungenoberfläche, wird das Wasser ins Maul gezogen. Bevor die Anziehungskraft der Erde das Wasser wieder hinunterzieht, schließt Mieze das Mäulchen und schluckt es.
- Hunde haben, entgegen aller Meldungen, das gleiche Trinkverhalten. Sie tauchen die Zunge beim Trinken lediglich tiefer ein und kleckern deshalb mehr.

Acht tolle Pflanzen für den Katzenbalkon

Sonnenblume

Wer kennt sie nicht, die Sonnenblume. Die einjährige Pflanze eignet sich nicht nur für den Garten, sondern auch als Kübelpflanze für den Balkon. Hier bleibt sie wesentlich kleiner. Sonnenblumen brauchen viel Sonne und Wasser. Die reifen Kerne der Blüte können Sie im Winter als Vogelfutter verwenden.

Goldmelisse

Diese duftende Heilpflanze mit ihren essbaren Blüten ist nicht nur bei Katzen beliebt, sondern zieht auch Schmetterlinge, Bienen und Hummeln magisch an. Wenn Ihr kleiner Tiger gern Jagd auf Insekten macht, sollten Sie sich allerdings überlegen, ob diese Pflanze für Ihren Balkon infrage kommt.

Fleißiges Lieschen

Ihren Namen trägt die Pflanze zu Recht, denn sie blüht unermüdlich von Frühjahr bis Herbst. Obwohl sie von Haus aus zu den mehrjährigen Springkräutern zählt, wird sie bei uns meist nur als einjährige Pflanze kultiviert. Es gibt sie in verschiedenen Farben. Sie braucht Sonne bis Halbschatten.

Katzenminze

Die duftende mehrjährige Pflanze gedeiht in der Sonne bis hin zu lichtem Schatten. Katzen lieben sie. Aus den getrockneten Blättern der Katzenminze können Sie einen Tee zubereiten.

Katzengamander

Er blüht von Frühjahr bis Sommer und ist unserer Erfahrung nach das beliebteste aller »Katzenkräuter«. Die Blätter dieser Heilpflanze haben ein angenehmes ätherisches Aroma. Der mehrjährige Katzengamander gedeiht sowohl in der Sonne als auch im Halbschatten.

Wilder Wein

Diese Kletterpflanze begrünt Fassaden. Weil sie keine Rankhilfe braucht, sondern selbst die Wand erklimmt, wird sie auch »Mauerkatze« genannt. Bei den meisten Arten färbt sich das Laub im Herbst wunderbar rot.

Baldrian

Dieses Heilkraut übt auf Katzen eine magische Anziehungskraft aus. Deshalb wird es auch »Katzenkraut« genannt. Die Blüten und Blätter des Baldrians strömen einen angenehmen Duft aus, der auf uns Menschen beruhigend und entspannend wirkt. Die mehrjährige Pflanze liebt es sonnig und leicht feucht.

Kapuzinerkresse

Eine wunderschöne einjährige Sommerblume, die ursprünglich aus dem tropischen Südamerika stammt. Sie klettert an einer Rankhilfe empor, wächst aber auch flächig oder kommt selbst in einer Hängeampel gut zur Geltung. Sie liebt es sonnig und mäßig feucht. Ihre essbaren Blüten werden hierzulande gern zur Dekoration von Speisen verwendet.

Auf Schnupperkurs im gesicherten Garten

Katzen sind keine Lauftiere wie Hunde und deshalb auch mit einem kleinen Gartenareal zufrieden. Schon das Vorgärtchen kann – gut strukturiert – für Wohnungskatzen zu einer Wohlfühlinsel werden. Mehr Abenteuer verspricht jedoch ein gesicherter Garten oder ein Katzenfreigehege.

Miezes grünes Wohnzimmer

Es ist zwar nicht die unbegrenzte Freiheit, doch schon einige wenige, interessant gestaltete Quadratmeter Garten reichen kleinen Wohnungstigern aus, um ihre Lebensqualität auf ein Höchstmaß zu steigern.

Der Natur auf der Spur Nach dem Frühstück geht's durch die Katzenklappe von der Wohnung raus in die Natur (→ Seite 65). Dort stillt Celine als Erstes ihren Durst am kleinen Teich. Danach steht ein ausgiebiger Schnupperkurs im Gartenrevier an. Gibt es neue Duftspuren von fremden Besuchern? Hat sich an den alten Markierungen etwas verändert? Ist es an der Zeit, die eigenen Geruchsbotschaften aufzufrischen? Den alten Baumstumpf nutzt Celine als Aussichtsturm. Hat sich da etwa eine Maus aus ihrem Loch getraut? Die Kätzin geht hinter einem hohen Grasbüschel in Deckung. Ihre Pupillen sind vor Erregung geweitet, ihr Körper ist aufs Äußerste gespannt. Ein kraftvoller Sprung – und die Jägerin hält die Maus in den Fängen. Nach der aufregenden Jagd ist Relaxen angesagt. Unter einer Rhabarberstaude sucht sich die Kätzin ein schattiges Plätzchen. Zur Entspannung leckt sie sich ausgiebig das Fell. Später bezieht sie auf der Gartenbank Beobachtungsposten. Plötzlich verdunkelt sich der Himmel – ein Gewitter zieht auf. Mit einem Satz springt Celine von der Bank und rennt ins Haus. Nasse Pfoten – das ist nichts für eine Wohnungskatze.

Der gesicherte Garten ist für die beiden Britisch-Kurzhaar-Geschwister ein Traum.

Abenteuer Garten

Die Gestaltung des Katzengartens richtet sich – wie auch in der Wohnung und auf dem Balkon – nach dem Wesen und den Bedürfnissen der Katzengesellschaft. Ein »geleckter« Garten mit kurz geschnittenem Rasen und einer sorgfältig eingefassten Blumenbordüre am Rand trifft nicht den Geschmack der Miezen. Katzen wünschen sich eine gepflegte Wildnis mit offenen Flächen und dichtem Gebüsch. Hier können sie ungehindert sehen und laufen, aber auch schnell in Deckung gehen, herumstreifen, um die Ecke biegen und Neues entdecken. Es muss trockene, windgeschützte Sonnenplätze geben. Ebenso schattige Unterkünfte für heiße Sommertage. Und natürlich dürfen Aussichtsplätze, Klettergelegenheiten und Wasser im Garten nicht fehlen. Hier einige Ideen dazu:

Verstecke »Vergessen« Sie beim Rasenmähen einige Stellen. So entstehen kleine Wohlfühlgrasinseln für Ihre Katze. Dichte Hecken, Sträucher, Kletterpflanzen und bewachsene Spaliere bieten ebenfalls ideale Verstecke. Liegende Terrakottaamphoren sehen nicht nur hübsch aus, sondern laden auch zum Forschen und Verweilen ein. Eine uneinsehbare Rückzugsmöglichkeit bietet zum Beispiel das Gartenhäuschen, das durch eine Katzenklappe jederzeit begehbar wird und wo vielleicht ein kuscheliges Plätzchen auf Ihren Stubentiger wartet (→ Sicherheit im Garten, Seite 71). Selbst eine Hundehütte im Garten, in der man auch bei Regen trocken bleibt, wird gern genutzt. Übrigens gibt es sehr hübsche wetterfeste Katzenhäuser zu kaufen (→ Foto, Seite 50).

Sonnenplätze Eine Gartenbank an der warmen Hauswand, ein Holzstapel, Natursteinplatten und Holzfliesen speichern die Wärme und ziehen kleine Sonnenanbeter magisch an.

Bei Hitze lässt es sich im Schatten auf einer kühlen Fliese prima dösen. Für die Wohnung gibt es spezielle Kühlmatten für Katzen.

NEUES AUS DER KATZENWELT: **SCHNATTERN**

- Wenn Ihre Katze vom Fenster aus zum Beispiel fasziniert Vögel im Garten beobachtet, fängt sie vielleicht an zu schnattern. Dabei schlägt sie die Kiefer in schneller Folge aufeinander, und die Mundwinkel sind zurückgezogen.
- In Gedanken hält die Katze bereits die saftige Beute zwischen den Zähnen und führt den Tötungsbiss aus.
- Es gibt Hinweise darauf, dass die Mutterkatze diesen ziemlich leisen Laut von sich gibt, um ihre Jungen beim Jagdtraining auf eine potenzielle Beute aufmerksam zu machen. Doch eindeutig wissenschaftlich beweisen konnte man diese These bis heute noch nicht.

Ein von Baum zu Baum gelegter Stamm verführt zum Balancieren und Kratzen.

Aussichtsplätze von hoher Warte dürfen in einem Katzengarten nicht fehlen.

An solch einem Blumenspalier kann man hochklettern und die Welt mit anderen Augen sehen.

Verschiedene Untergründe, wie hier der Weg aus Natursteinen, spürt Mieze in den »Fußsohlen«.

Aussichtsplätze Klettermaxe nutzen gern ein Sitzbrett in der Astgabel eines Baumes – etwa drei bis vier Meter über der Erde. Den Panoramablick bietet natürlich auch ein standfester Kratzbaum aus Naturholz für den Außenbereich. Weitere beliebte Aussichtsplätze sind jegliche Art von Mauern, ein abgesägter Baumstamm, Dächer von Gartenhäusern und Lauben, gerne mit einer stabilen Holzleiter oder einem Brett als Rampe zum bequemen Hoch- und Runterklettern versehen. Auch Spaliere, Rankgitter und Rosenbögen eignen sich für Klettertouren.

Ein kleiner Brunnen mit plätscherndem Wasser und offener Wasserfläche – ein Katzentraum. Daneben noch ein Sitzplatz. Das wäre super.

Der Brunnen wirft Schatten. Gerade richtig für eine Rast. Währenddessen werden die Blätter einem Geschmackstest unterzogen.

Wassergarten Ein Teich – und sei er auch noch so klein – fasziniert alle Katzen. Wird die Wasserstelle von Stauden oder Ziergräsern umrahmt und gibt es auch noch ein Sitzbrett oder große Steine als Beobachtungsplatz am Ufer, haben Sie gerade den Lieblingsplatz für Mieze geschaffen. Wer keinen Platz für einen Teich hat oder wem der Bau zu aufwendig ist, macht seiner Samtpfote auch mit einer kleinen Lösung eine Freude: Zum Beispiel aus halben Fässern oder Mörtelwannen lässt sich in Nullkommanichts ein Minibiotop mit ein bis zwei Wasserpflanzen zaubern. Und auch dekorative Gartenbrunnen treffen den Katzengeschmack zu 100 Prozent.

Weitere Gestaltungselemente Die Kräuterspirale, auch Kräuterschnecke genannt, ist ein dreidimensionales Beet, in dem Gewürzkräuter und Heilpflanzen angebaut werden. Für Katzen kann sie zum begehbaren Dufterlebnis werden oder aber am Teich für einen tollen Beobachtungsposten sorgen. Kräuterspiralen gibt es fertig oder als Bausatz im Fachhandel zu kaufen. Sie können natürlich auch selbst gebaut werden. Interessant für Katzen ist ein kleiner Steinhaufen, auf dem sich allerlei Kleintiere wie etwa Eidechsen einfinden. Mieze nimmt auch gern ein Staubbad. Sie wälzt sich in einer trockenen Pfütze und reinigt so ihr Fell von eventuellen Parasiten und fettigen Stellen und verpasst sich nebenbei eine wohltuende Massage. Rundhölzer und Pflanzsteine passen ebenfalls gut in den Katzengarten.

Bepflanzung Wählen Sie robuste und weniger wertvolle Gewächse, denn Pflanzenraritäten werden von Katzen nicht besonders pfleglich behandelt. In Katzenkreisen beliebt sind duftende Kräuter- und Heilpflanzen wie zum Beispiel Thymian, Zitronenmelisse, Salbei, Pimpinelle, Baldrian, Kamille,

Katzenminze und Mutterkraut. Als Kletterpflanzen kommen Wilder Wein, Kapuzinerkresse, Japanischer Hopfen und die Zaunwinde infrage. An Sträuchern ist besonders der Sommerflieder hervorzuheben, denn er ist ein wahrer Schmetterlingsmagnet. Zypergras und andere Gräser (→ Seite 53) finden großen Anklang bei den Samtpfoten. Für den Teich eignen sich beispielsweise Hechtkraut, Rohrkolben und Wasserminze. Informieren Sie sich vor dem Pflanzenkauf, ob die Gewächse für Katzen giftig sind (→ Adressen im Internet, Seite 252).

Vogelschutz Katzenfreunde sind nicht automatisch Vogelfeinde, auch wenn dies immer wieder behauptet wird. Wer die Vögel im Garten vor kätzischen Nachstellungen schützen will, sollte Folgendes beachten:

- Ein naturnah gestalteter Garten mit Stauden, Sträuchern und Bäumen bietet den Gefiederten viele Versteckmöglichkeiten.
- Sogenannte Abwehrmanschetten aus Blech oder Kunststoff (ca. 50 cm breit) verhindern, dass Mieze Vogelnester im Baum plündert. Auch Brombeerranken, um den Stamm gewickelt, bieten einen guten Schutz.
- Bringen Sie Nistkästen frei hängend an Seitenästen an. Auch Nistkästen mit steilem, glattem Dach bieten der Katze keinen Halt.
- Futterhäuschen mindestens zwei Meter vom nächsten Strauch aufstellen, damit Ihre Katze sich nicht unbemerkt anschleichen kann.

TIPPS & TRICKS

Kiesflächen mit spitzen Steinchen gehören nicht gerade zu den Lieblingsuntergründen für Katzenpfoten. Sorgen Sie deshalb zum Beispiel mit runden Trittsteinen dafür, dass Mieze die Fläche angenehm überqueren kann.

Der Zaun gibt Sicherheit

Der gesicherte Garten, Hof oder ein anderer Außenbereich schließt Gefahren für Mieze weitgehend aus. Fest steht jedoch, dass ein Schutzzaun etwa zwei Meter hoch sein muss, denn eine erwachsene Katze, die fit ist, kann

CHECKLISTE

Der katzengerechte Garten

- [ ] Ein kleiner, gut strukturierter Garten ist für Katzen wesentlich interessanter als ein großer Garten mit kurz geschorenem Rasen.
- [ ] Es gibt Sonnen- und Schattenplätze, erhöhte Aussichtsplätze, Ruheoasen und Klettermöglichkeiten.
- [ ] Wasser im Garten – wie ein kleiner Teich mit Sitzbrett zum Beobachten daneben oder ein Brunnen – finden alle Katzen klasse.
- [ ] Dicht bepflanzte Ecken mit ungiftigen Stauden und Gräsern sowie duftende Kräuterbeete bekommen von Mieze 100 Punkte.

aus dem Stand bis zu 1,80 Meter hoch springen. Es gibt verschiedene Möglichkeiten, das Grundstück einzuzäunen. Entweder mit einem Metallstabzaun, Maschendrahtzaun oder einem Katzennetz. Wichtig ist jedoch, dass der Zaun nach innen gebogene Stangen als Überkletterschutz hat. Im Fachhandel werden für alle Varianten fertige Lösungen angeboten, denn nicht jeder ist auch ein geschickter Heimwerker. Doch bevor es losgeht, ist es wichtig, sich beim örtlichen Bauamt zu erkundigen, ob gegebenenfalls eine Baugenehmigung erteilt werden muss. Und natürlich ist es auch ratsam, sich mit den Nachbarn zu verständigen, um Streitereien zu vermeiden. Daneben gibt es mobile Zaunsysteme aus Netzgewebe für Heimtiere. Bewusst an letzter Stelle weise ich für große Gärten auch noch auf die Möglichkeit hin, einen Elektrozaun zu installieren. Der sogenannte Weidezaun wird einfach auf den vorhandenen Gartenzaun aufgesetzt und montiert. Sobald die Katze damit in Berührung kommt, erhält sie einen leichten Stromschlag. Sicher keine angenehme Erfahrung für die kleinen Tiger.

Neugierig kommt Mieze um die Ecke geschlichen. Was erwartet sie wohl hinter dem großen blauen Pflanzengefäß?

Ein Freigehege für die Katzen

Eine weitere Möglichkeit, Ihrer Katze ein Stück Natur zu verschaffen, ist ein großzügiges Freigehege. Es kann direkt an das Haus anschließen oder frei im Garten stehen. Frei stehende Gehege müssen für Mieze vom Haus aus erreichbar sein, etwa durch einen allseits geschlossenen Laufgang, der direkt an die Katzenklappe im Haus anschließt und in das Gehege führt. Die Planung eines Katzenfreigeheges richtet sich nach Ihren Möglichkeiten. Im Fachhandel gibt es viele verschiedene Fertigfreigehege zu kaufen.

Rechtliches Möchten Sie das Gehege direkt an die Grundstücksgrenze des Nachbarn anschließen, ist dessen Einwilligung nötig. Ansonsten müssen Sie einen gesetzlich vorgeschriebenen Mindestabstand einhalten. Auch eine Überdachung ist fast immer genehmigungspflichtig – aber unverzichtbar. Der Katzenvergnügungspark muss nicht nur an den Seiten, sondern auch oben sicher geschlossen sein, denn Katzen sind sehr erfinderisch, wenn es darum geht, einen Weg in die unbegrenzte Freiheit zu finden.

Einrichtung Auch hier orientieren Sie sich am besten wieder an dem, was ich Ihnen für die katzengerechte Wohnung, den Balkon und den gesicherten Garten beschrieben habe. Zum Klettern und Balancieren bieten sich massive Kletterbäume, Hängebrücken und Laufstege an. Auch ein Wasserbecken und verschiedene Pflanzen, ebenso ein wetterfestes Häuschen (→ Foto, Seite 50) sollten in der Katzenerlebniswelt nicht fehlen. Damit das Gehege nicht zur großen Katzentoilette wird, sollten Sie ein oder mehrere offene Klos mit Streu unter einem kleinen Dächlein anbieten. Katzen, die Klos mit Haube gewöhnt sind, nutzen diese auch im Freigehege.

Katzenklappe: Der Privateingang für kleine Wohnungstiger

Kater Paul ist sauer. Er will raus auf den Balkon, doch niemand reagiert auf sein forderndes Miiiiau! Endlich öffnet sich die Tür, die aber umgehend hinter ihm wieder geschlossen wird, denn es ist Winter. Keine fünf Minuten später hat Paul genug von der kalten Pracht. Er will zurück in die warme Wohnung. Erst eine Viertelstunde später hört Frauchen das klägliche Maunzen des frierenden Paul. Mit einer Katzenklappe wäre das nicht passiert.

Im Zoofachhandel gibt es ein großes Angebot von Katzenklappen in verschiedenen Ausführungen.
Drei Arten lassen sich unterscheiden: Das einfache Schlupfloch ist mit weichen Membranen zum Hindurchschlüpfen versehen. Die Zwei-Wege-Schwingtür ist offen oder geschlossen. Die Vier-Wege-Klappe ermöglicht verschiedene Einstellungen wie geschlossen, offen, Katze kann nur rein, Katze kann nur raus.

EINFACHES SCHLIESSSYSTEM

Auch die Schließsysteme der Klappen sind vielfältig und ausgeklügelt, etwa mit Magnetschlüssel, Infrarotsender oder solche, die mithilfe eines Lesegeräts den implantierten Chip der Katze identifizieren. Für Wohnungskatzen in ihrem gesicherten Balkon- und Gartenbereich reicht jedoch meines Erachtens eine einfach schließende Katzenklappe.

MIETWOHNUNGEN

Holen Sie sich auf jeden Fall die Einwilligung des Vermieters, bevor Sie eine Katzenklappe einbauen. Eigenmächtiges Handeln kann bis hin zur fristlosen Kündigung der Wohnung führen.

AN DIE KATZENKLAPPE GEWÖHNEN

Katzen sind clever. Die meisten begreifen schon nach der ersten Demonstration, wie die Klappe funktioniert. Für andere dagegen kommt die Erleuchtung erst, wenn sie von der anderen Seite gerufen werden, durch die Klappe laufen und dahinter ein Leckerli winkt. Zum Schluss noch ein Tipp: Füttern Sie Mieze grundsätzlich im Innenbereich. Wenn sie pünktlich ihre Mahlzeit verlangt, wird die Klappe geschlossen und damit zum Beispiel ein Nachtausflug verhindert.

Gefahren erkennen und ausschalten

»Eine Katze hat neun Leben« heißt es in einem alten Sprichwort. Zurückzuführen ist dieser Spruch auf ihre angebliche Widerstandsfähigkeit – und die Zahl Neun galt früher als Glückszahl. Die Realität sieht anders aus.

Sicherheit im Wohnungsalltag

Wer mit Katzen zusammenlebt, trägt Verantwortung für seine Tiere. Und die tragen Katzenhalter gern, denn die kleinen Stubentiger geben uns so viel. Nicht ausgelastete Wohnungskatzen und unerfahrene Katzenkinder spielen mit allem, was ihnen unter die Pfote kommt. Und auf der Suche nach Abwechslung wird alles Mögliche ausprobiert, intensiv untersucht und einem Geschmackstest unterzogen. Damit es für Katzen nicht gefährlich wird, müssen wir für ihre Sicherheit sorgen.

Abstürzen, entlaufen und einklemmen Schon so mancher Schmetterlingsjäger ist im Eifer des Gefechts durch das ungesicherte Fenster gestürzt. Aber auch der Ausflug zum Nachbarn ist verlockend. Sichern Sie die Fenster zum Beispiel mit passenden Holzrahmen, auf die Hasendraht gespannt ist. Zum Ein- und Aushängen werden die Rahmen mit Sturmhaken befestigt. Eine elegante Variante stellen passgenaue Alurahmen mit Gitter dar, die Sie im Fachhandel bekommen. Fliegengitter oder dünne Netze bieten keinen Schutz. Gekippte Fenster haben schon viele Miezen das Leben gekostet. Bleiben sie mit Hals oder Brustkorb darin hängen, ersticken sie. Auch Lähmungen durch Quetschungen des Rückenmarks sind nicht selten. Bei gekippten Fenstern und Türen hat sich der Einsatz eines dreieckig geformten Gitters aus dem Fachhandel bewährt (→ Foto, Seite 70).

Vorsicht bei Glasgefäßen mit engen Hälsen: Kopf hineinquetschen geht. Aber wie kommt man wieder raus?

Eine stabile Balkonsicherung schützt Katzen vor dem Absturz.

Ertrinken Viele Katzen turnen gern auf Badewannen- oder Toilettenrändern. Ein Absturz in die gefüllte Wanne kann zur Todesfalle werden. Katzen können zwar schwimmen, finden jedoch zum Herausklettern keinen Halt an den glatten Wänden. Das Gleiche gilt besonders für Katzenkinder bei Tiefspültoiletten. Deshalb Toilettendeckel immer schließen.

Gegenstände verschlucken Spitze Gegenstände wie Näh- und Stecknadeln, herumliegende Scherben, Radiergummis, Gummiringe, Kronkorken, Teile von Plastikspielzeug (→ Seite 205), Lametta, Büroklammern oder kleine Murmeln können verschluckt werden und zu schwerwiegenden Magen-Darm-Problemen führen. Operationen sind meist unumgänglich.

Sich verbrennen An heißen Herdplatten, offenen Gasflammen, eingeschalteten Bügeleisen, brennenden Kerzen und ungeschützten Kaminfeuern kann sich die Katze schlimme Verbrennungen zuziehen (→ Seite 168).

Sich vergiften Chemikalien, Haushaltsreiniger, Waschmittel, Medikamente (zum Beispiel Paracetamol, Knoblauchpillen, Ibuprofen, Morphium, Aspirin) und Alkohol unerreichbar für das Tier aufbewahren.

EXPERTIN KATZE

WARUM SCHLAFEN KATZEN GERN IN HÖHLEN?

Miss Marple, die in einem Haushalt mit Kindern und zwei Artgenossen lebt, erklärt uns das.

Die Waschmaschine scheint ein beliebter Katzenschlafplatz zu sein. Warum?

Nicht nur die Waschmaschine, sondern auch der offene Schrank, die Schublade oder der Wäschekorb bieten herrliche Plätze für ein ungestörtes Nickerchen. Für mich sind das wahre Wellnessoasen, wenn ich mich von meinen Artgenossen oder den Kindern bedrängt fühle oder mir der Trubel in der Wohnung zu viel wird. Doch zugegeben, das ist nicht ganz ungefährlich. Letztens stand morgens die Tür des Schlafzimmerschranks offen – die Gelegenheit, es mir hier gemütlich zu machen. Dann wurde die Tür geschlossen. Ehe ich mich bemerkbar machen konnte, saß ich in der Falle. Erst am Abend kam ich wieder frei.

Hatte das lange Eingesperrtsein Folgen für deine Psyche?

Angenehm ist es nicht, seiner Freiheit beraubt zu werden. Doch wir Katzen können die Zeit ja mit Schlafen totschlagen. Deshalb war das Erlebnis kein Beinbruch für mich. Dramatischer wäre es gewesen, wenn mich tagelang niemand bemerkt hätte. Den Vollwaschgang in der Waschmaschine zu überleben, ist jedoch illusorisch. Deshalb sollte die Tür der Waschmaschine und des Trockners immer geschlossen sein. Unsere Menschen müssen dafür sorgen, dass wir genügend ungefährliche und ungestörte Ruheplätze haben. Ich käme dann höchstens aus Neugierde auf die Idee, den Schrank zu durchforsten.

Mal eine etwas andere Perspektive. Damit die Stubentiger nicht vom Catwalk rutschen, sind die Laufbretter mit Sisalteppichen beklebt.

Keine giftigen Insektensprays oder Elektroverdampfer mit Insektengift einsetzen. Viele Zimmerpflanzen wie Alpenveilchen, Azalee, Dieffenbachie, Efeu, Hyazinthe, Korallenbäumchen, Narzisse und Weihnachtsstern sind für Katzen giftig (→ Adressen im Internet, Seite 252). Denken Sie auch daran, dass Blumendünger und »Schnittblumenfrisch« im Wasser des Blumenstraußes Ihrem Liebling schaden. Knoblauch und Zwiebeln zerstören die roten Blutkörperchen und führen zu Blutarmut.
Für manche verfressene Katzen ist es kein Problem, den Mülleimer zu öffnen und zu plündern. Hier lauert oft Gefährliches für die Katze, wie etwa Röhrenknochen, überalterte Wurst- und Fleischreste oder rohes Eiweiß aus Resten von Eierschalen (→ Seite 144). Selbst Schokolade kann gefährlich werden, denn diese enthält den für Tiere giftigen Stoff Theobromin. Schon eine kleine Menge getrockneter Tabakblätter (Zigarettenstummel) ist für Katzen eine giftige Dosis. Auch Passivrauchen schadet Katzen. Die kleinen Tiger atmen den Qualm nicht nur ein, sondern lecken sich die giftigen Substanzen bei der Körperpflege aus dem Fell. Ätherische Öle wie etwa das beliebte Teebaumöl gehören ebenfalls nicht in den Katzenhaushalt.

TIPPS & TRICKS

Herdplatten bleiben auch nach dem Abschalten noch lange heiß. Damit sich Mieze nicht die Pfoten verbrennt, sollten Sie immer einen Topf mit kaltem Wasser auf die Platten stellen oder die Katze während des Kochens aus der Küche verbannen.

Gekippte Fenster können zu Todesfallen für Katzen werden. Der Kippfensterschutz bietet Sicherheit.

Tödlicher Stromschlag Besonders Katzenkinder nagen gern mit ihren spitzen Zähnchen an Stromkabeln. Verbergen Sie stromführende Kabel am besten in einem Kabeltunnel.

Ersticken und strangulieren Lassen Sie keine Plastiktüten herumliegen. Bei Papiertragetaschen die Henkel abschneiden. Keine Wollknäuel zum Spielen anbieten. Achtung auch bei Spielzeug an Gummischnüren, das in den Türrahmen gespannt werden kann (→ Seite 227). In allen Fällen droht Erstickungsgefahr oder das Abschnüren von Gliedmaßen.

Sich verletzen Kakteen mit Stacheln sind gefährlich. An überhängenden Tischdecken wird gern gezogen. Stehen schwere Gegenstände darauf, können sie Mieze auf den Kopf fallen und sie erschlagen. Katzen stecken gern ihr Näschen überall hinein – auch in geöffnete Dosen und Gläser. Dabei passiert es häufig, dass sie den Kopf zwar hineinzwängen, ihn aber nicht mehr herausziehen können.

Sicherheit auf dem Balkon

Ein ungesicherter Balkon ist die häufigste Ursache für Unfälle (→ Seite 52).

Balkonsicherung Spezielle Katzennetze gibt es in verschiedenen Farben und Materialien. Angebote finden Sie im Zoofachhandel und im Internet. Achten Sie beim Kauf auf Qualität. Empfehlenswert sind Netze mit Edelstahlverstärkung und einer Reißfestigkeit von mindestens 30 Kilogramm, denn wenn Ihr Minitiger daran hochklettert oder auf der Jagd nach einem Schmetterling dagegenspringt, ist Haltbarkeit gefragt. Imprägnierte Netze sind gegen UV-Strahlen geschützt, witterungsbeständig und haben deshalb eine lange Lebensdauer. Es lohnt sich also, etwas tiefer in die Tasche zu greifen. Handwerklich geschickte Katzenhalter können die Netze selbst montieren, andernfalls wenden Sie sich am besten an einen Fachmann in Ihrer Umgebung. Die Balkonsicherung mit einem Katzennetz gilt in der Regel als genehmigungspflichtige Fassadenveränderung. Mieter brauchen deshalb die Einverständniserklärung des Vermieters, es sei denn, bei der Montage des Netzes muss nicht in die Substanz des Hauses gebohrt werden und dehalb die Fassade kaum optisch beeinträchtigt wird.

Giftige Pflanzen Eine Vielzahl beliebter Balkonpflanzen sind für Katzen giftig. Beispiel: Begonie, Geranie, Oleander, Thuja-Lebensbaum und Tomate. Informieren Sie sich vor dem Pflanzenkauf (→ Seite 53).

Dünger Katzen dürfen keinesfalls Gießwasser mit Düngerresten trinken. Das Wasser in Topfuntersetzern wird oft liebend gern ausgeschleckt. Hier sammeln sich Dünge- oder Parasitenschutzmittel aus der Blumenerde an. Setzen Sie stattdessen natürliche Mittel – etwa Brennnesselbrühe oder Schmierseifenlösung – ein, beispielsweise zur Bekämpfung von Blattläusen.

Sicherheit im Garten

Ein lückenlos geschlossener Zaun sichert den Katzengarten und bewahrt Mieze vor gefährlichen Ausflügen (→ Seite 63).

Chemikalien Für Katzen giftig sind Schneckenkorn, Mäuse- und Rattengift, Insektizide und Unkrautvernichter. Hat Ihre Katze Zugang zum Gartenhaus oder zur Garage, müssen Farben und Lacke, Lösungs- und Frostschutzmittel, Benzin, Öl und Säuren unerreichbar für sie sein.

Regentonne Sie wird zur tödlichen Falle, wenn die Katze hineinfällt und ertrinkt. Aus eigener Kraft kann sich Mieze nicht an den glatten Wänden emporziehen. Deshalb die Tonne immer sicher abdecken.

Gartenteich Teiche mit einer Tiefwasserzone sollten Sie so anlegen, dass es zumindest eine flache Uferzone gibt. Oder lassen Sie einen dicken Ast beziehungsweise ein Brett als Ausstiegshilfe vom Wasser ans Ufer ragen.

Giftige Pflanzen Verzichten Sie zum Beispiel auf Eisenhut, Engelstrompete, Ginster, Goldregen, Herbstzeitlose, Hyazinthen, Herkulesstaude, Lilienarten, Maiglöckchen, Schneebeere, Schneeglöckchen, Seidelbast, Tulpen und Vanillestrauch (→ Adressen im Internet, Seite 252).

TIPPS & TRICKS

Der Pool im Garten kann für Katzen und andere Tiere zur tödlichen Falle werden. Durch die glatten und abgerundeten Wände des Pools finden die Tiere keinen Halt und ertrinken. Im Fachhandel gibt es spezielle Ausstiegshilfen, die Leben retten.

Selbst leere Tüten werden genau inspiziert. Was da wohl drin war? Papiertüten ohne Henkel sind für Katzen ein ungefährliches Vergnügen.

Gefahr gebannt: Treppen und Geländer richtig sichern

Amadeus und Romina leben in einem Reihenhaus. Vom Keller bis hinauf ins Dachgeschoss führt eine steile Treppe mit nach hinten offenen Stufen. Auch das Treppengeländer ist nicht absturzsicher, denn die Katzen passen leicht durch die einzelnen Geländerstäbe. Um die beiden Stubentiger vor einem Absturz zu bewahren, haben ihre Menschen eine Lösung für mehr Sicherheit ihrer Lieblinge gefunden.

In Reihenhäusern, modernen Bauten und Maisonettewohnungen liegen offene Treppen und durchlässige Geländer voll im Trend. Eine große Gefahr für Kleinkinder, aber auch für Hunde und Katzen, vor allem Welpen. Haus- und Wohnungseigentümer können ihre Treppen nachhaltig sichern. Wer in Miete lebt, muss sich eine Lösung überlegen, die problemlos rückgängig zu machen ist, wenn er wieder auszieht. Das Objekt darf schließlich nicht beschädigt werden, oder man muss bereit sein, die Kosten für die Wiederherstellung des ursprünglichen Zustands selbst zu tragen.

OFFENE TREPPEN SICHERN

In unserem Beispiel geht es um die Treppe eines Reihenhauses, die vom Keller bis zum Dachgeschoss fast 11 Meter hoch ist. Wie lebensgefährlich Abstürze für Katzen sein können, habe ich bereits auf Seite 52 beschrieben. Hier finden Sie nun eine praxiserprobte Lösungsmöglichkeit, diese Gefahrenquelle im Haus sicher auszuschalten:

• Zunächst werden die nach hinten offenen, 15 cm hohen Treppenstufen mit Blechstreifen gesichert. Die Blechstreifen sind 6 cm hoch und 2,5 bis 3 mm dick. Ihre Länge richtet sich nach der Treppenbreite. Die

Der Treppenschacht des Reihenhauses ist fast 11 Meter hoch und eine Gefahr für Mieze.

Das Treppengeländer ist »katzendurchlässig«. Die Netzsicherung schützt vor dem Absturz.

Die offenen Treppenstufen sind mit Sisal belegt und von hinten mit Blechstreifen gesichert.

Bleche wurden an die senkrechten Stufenstützen punktgeschweißt und in der passenden Farbe zum Geländer – in diesem Fall weiß – gestrichen. Damit man beim Hinaufsteigen nicht mit der Fußspitze gegen die Bleche tritt, werden die Blechstreifen etwa 5 cm über der jeweiligen Stufe angebracht.

- Das Treppengeländer besteht in unserem Fall aus Stäben, die einen Abstand von 11,5 cm haben. Es wird insgesamt mit einem transparenten Katzenschutznetz – Maschenweite 30 x 30 mm – gesichert. Dazu wurde der Handlauf aus Holz abgeschraubt und das Netz darunter verlegt. Am unteren Geländerteil ist das Netz mit einem festen Nylonfaden durchzogen worden. Kabelbinder sichern letztendlich die lückenlose Befestigung des Netzes.
- Die glatten Treppenstufen aus Holz bekamen Stufenmatten aus Sisal, die vom Hersteller bereits mit doppelseitigem Klebeband versehen sind. So wurde die Treppe rutschsicher für Mensch und Tier.

Hinweis: Häufig wird eine einfachere Lösung zur Sicherung von offenen Treppen propagiert. Ein hinter den Treppenstufen installiertes Katzenschutznetz soll die Wohnungstiger vor Abstürzen bewahren. Das ist zwar einerseits gewährleistet, wenn jedoch die Katze in das Netz fällt, kann sie sich nicht selbstständig daraus befreien. Sie verheddert sich im Netz und gerät in Panik. Es ist dann auch für uns schwierig, das Tier, das hinter den Treppenstufen steckt, aus seiner prekären Situation zu befreien.

ETAGENGITTER

Um Katzenkinder vor Treppenstürzen zu bewahren, sind Kinderschutzgitter eine sinnvolle Anschaffung. Sie werden, je nach Modell, zwischen Wand und Treppengeländer geklemmt oder geschraubt. Doch natürlich passen die Kleinen problemlos zwischen den Gitterstäben hindurch. Deshalb muss das Gitter zusätzlich gesichert werden. Ein Katzenschutznetz ist hier nicht angebracht, denn bereits die Youngster sind kleine Kletterkünstler und überwinden die Hürde mit Leichtigkeit. Bewährt hat sich eine starre, durchsichtige PVC-Folie aus dem Baumarkt, die man sich dort auch auf die passende Größe zurechtschneiden lassen kann. Anschließend wird die Folie an den Rändern gelocht und mit Kabelbindern am Schutzgitter befestigt. An der glatten Folienwand beißt sich die Katzenjugend garantiert die Zähne aus. Übrigens lassen sich mit diesen Folien auch durchlässige Balkongeländer sichern.

Kennen Sie die Wohnwünsche Ihrer Katze?

Im vorangegangenen Kapitel haben Sie einiges über die katzengerechte Wohnung erfahren. Ist Ihnen noch in Erinnerung, welche bestimmten Dinge für Wohnungskatzen wichtig sind und warum? Testen Sie Ihr Wissen, indem Sie folgende Fragen beantworten.

1. Wie sollten Futter- und Wassernapf angeordnet sein?

- C ☐ Beide Näpfe stehen möglichst nebeneinander.
- B ☐ Nicht so dicht zusammen, aber unbedingt innerhalb eines Raums.
- A ☐ Eine oder mehrere Wasserquellen sind am besten abseits vom Futternapf in der Wohnung verteilt.

2. Wie viele Katzentoiletten brauchen zwei Wohnungskatzen?

- A ☐ Es sollten möglichst drei Toiletten vorhanden sein.
- B ☐ Zwei Toiletten sind ausreichend.
- C ☐ Es genügt eine Toilette für beide Katzen.

3. Wo sollte der Kratzbaum stehen?

- B ☐ In einem ruhigen Raum, damit sich die Katze ungestört zurückziehen kann.
- C ☐ Im Flur, damit Mieze gleich alle Besucher im Blick hat.
- A ☐ Möglichst zentral, am besten mitten im Geschehen.

4. Warum brauchen Katzen erhöhte Plätze in der Wohnung?

- A ☐ Ihr Revier von oben zu überblicken, vermittelt Mieze ein Gefühl der Sicherheit.
- B ☐ So kann sie ihre körperlichen Fähigkeiten trainieren.
- C ☐ Von oben kann sie sich besser auf die »Beute« stürzen.

5. Warum ist ein Catwalk sinnvoll?

- B ☐ Der Catwalk ist vor allem ein hervorragendes Fitnesstraining.
- A ☐ Indem die Wände begehbar werden, vergrößert sich das Wohnungsrevier der Katze.
- C ☐ Durch den Catwalk besteht die Möglichkeit, Mieze auf eine andere Ebene zu verweisen, wenn sie ungezogen war.

6. Welche Pflanzen sind für Stubentiger giftig?

- C ☐ Fleißiges Lieschen.
- A ☐ Tomaten.
- B ☐ Goldmelisse.

7. Was ist für Katzen, die in einer kleinen Wohnung leben, wichtig?

C ☐ Die Katzentoilette neben dem Futternapf.
B ☐ Der Kratzbaum im Flur.
A ☐ Offene Türen in der gesamten Wohnung.

8. Welche Wohnungseinrichtung bevorzugt eine Katze?

C ☐ Eine Wohnung mit wenigen Möbeln und viel Platz zum Toben.
B ☐ Eine unaufgeräumte Wohnung mit vielen Möbeln, die dem Forscherdrang der Katze entgegenkommt.
A ☐ Eine gut strukturierte Wohnung mit Ruhe- und Aussichtsplätzen, Kratzstellen und Klettermöglichkeiten.

9. Was gehört garantiert zu den favorisierten Ruheplätzen von Mieze?

A ☐ Die Hängeliege an der Heizung.
B ☐ Das Weidekörbchen mit Kissen vor dem Fernseher.
C ☐ Der Karton im Flur.

10. Worauf sollten Sie bei der Auswahl des Katzenklos besonders achten?

B ☐ Das Modell.
C ☐ Die Farbe.
A ☐ Die Größe.

11. Was finden alle Katzen faszinierend?

A ☐ Zimmerbrunnen
B ☐ Haubentoiletten
C ☐ Glatte Stoffe

AUSWERTUNG: Zählen Sie zusammen, wie häufig Sie die Buchstaben A, B oder C in Ihren Antworten finden. Vorwiegend A, B oder C hat folgende Bedeutung:

A

Wenn Sie überwiegend oder sogar bei allen Fragen die Antwort A angekreuzt haben, kennen Sie die Wünsche und Bedürfnisse einer Wohnungskatze genau. Bei Ihnen findet sie alles, was ein Wohlfühlambiente für kleine Tiger ausmacht und was ihrem Wesen und ihren Bedürfnissen entspricht. Ihre Einstellung zu den Ansprüchen Ihrer Katze steht auf einer sehr soliden Basis.

B

Haben Sie überwiegend mit B geantwortet, dann haben Sie schon vieles verstanden, was für Katzen wichtig ist, können sich jedoch noch nicht ganz in sie hineinversetzen. Sie möchten gern auf die Ansprüche und Wünsche Ihres Minitigers eingehen, schätzen aber nicht richtig ein, was für ihn besonders wichtig ist. Doch keine Sorge, wenn Sie sich noch etwas mehr mit dem Wesen und den Bedürfnissen einer Katze auseinandersetzen, wird es Ihnen gelingen, Ihrer Samtpfote in Zukunft ein wahres Wohnungskatzenparadies zu schaffen.

C

Sie haben überwiegend die Antwort C angekreuzt? Bestimmt haben Sie den guten Willen, Ihrer Wohnungskatze ein spannendes Revier zu gestalten. Allerdings kennen Sie bisher Miezes Ansprüche zu wenig. Vertiefen Sie sich noch mehr in die Katzenseele. Dann wird es Ihnen mit Sicherheit gelingen, Miezes Wohnwünsche zu erfüllen und damit die Voraussetzung für eine problemlose Wohngemeinschaft zu schaffen.

Der Weg zu einer glücklichen Gemeinschaft

Sie haben Ihre Wohnung katzengerecht gestaltet? Dann ist bereits der Grundstein für ein harmonisches Zusammenleben gelegt. Jetzt heißt es aufeinander eingehen und das gemeinsame Leben genießen.

Dream-Team von Anfang an

Jede Katze hat ihre eigene Persönlichkeit, ebenso wie jeder von uns. Die ideale Voraussetzung für eine harmonische Beziehung sind Partner, die zueinanderpassen. Wählen Sie deshalb Ihre kätzischen Mitbewohner sorgfältig aus und überlegen Sie vorab, was Sie ihnen zu bieten haben.

Kleine Tiger mit großen Ansprüchen

Als Katzenkinder haben sich Balou, Serena und Manolito noch recht wohl in der kleinen Zweizimmerwohnung gefühlt. Der Platz zum Spielen und Toben war zwar nicht üppig, doch ausreichend, und gekuschelt wurde sowieso am liebsten gemeinsam. Aber jetzt – mit zehn Monaten – sind sie mitten im Teenageralter, und es gibt immer häufiger Streitereien und Querelen in der Dreiergruppe. Balou ist durch den Stress unsauber geworden, denn in der kleinen Wohnung kann man sich weder aus dem Weg gehen, noch findet man ein ungestörtes Plätzchen.

Wie viel Platz haben Sie? Die Größe ihres Reviers steht für Wohnungskatzen nicht an erster Stelle. Wichtig ist vor allem die Struktur ihres Lebensraums. Es muss unbedingt Aussichtsplätze, mehrere Schlafplätze und Klettermöglichkeiten geben. Dennoch reicht ein Einzimmerapartment als Lebensraum für eine Katze nicht aus. Minimum ist eine Zweizimmerwohnung, möglichst mit begehbarem Balkon. So kann sich Mieze auch einmal unbeobachtet zurückziehen. Als grobe Faustregel für die Haltung mehrerer Stubentiger in der Wohnung gilt: je ein weiteres Zimmer pro Katze.

Wie geht es bei Ihnen zu Hause zu? Leben Sie in ruhigen Bahnen, oder geht es bei Ihnen eher turbulent zu? Wählen Sie eine Katze, die zu Ihrem Lebensstil passt. Für Familien mit Kindern sind Samtpfoten, die beim

Wer zu zweit in der Wohnung lebt, verkraftet die Abwesenheit seiner Menschen besser.

Mama ist die Beste. Erst mit zwölf Wochen sind die Katzenkinder in ihrer Entwicklung so weit, dass sie ein eigenständiges Leben führen können.

Jede ist anders. Selbst unter Wurfgeschwistern gibt es unterschiedliche Persönlichkeiten. Wählen Sie eine Katze, die zu Ihnen passt.

kleinsten Geräusch unter dem Schrank verschwinden, sicher nicht das Richtige. In solch einen Haushalt passen selbstbewusste, neugierige Katzen, die etwas härter im Nehmen sind. Ältere Menschen wünschen sich dagegen oft eine anschmiegsame Samtpfote mit ruhigem Wesen. Hier fühlt sich eine erwachsene Katze mit bereits ausgeprägtem Charakter wohl. Und ein junges Paar legt vielleicht besonderen Wert auf quirlige Hausgenossen.

Wie viel Zeit haben Sie? Wohnungskatzen brauchen mehr Anregung und Unterhaltung als Freigänger, denn die Natur bietet Abwechslung satt. Selbst wenn Katzen im Durchschnitt 15 bis 16 Stunden am Tag schlafen, tun sie das nicht an einem Stück. Dazwischen ist »Action« angesagt. Doch was soll ein Stubentiger den ganzen Tag tun, wenn er alleine lebt und seine Menschen tagsüber arbeiten müssen? Viele schlagen dann die Zeit mit noch mehr Schlafrunden tot, andere entwickeln Verhaltensstörungen wie etwa Unsauberkeit und Aggressionen. Deshalb ist es grundsätzlich ratsam, von Anfang an zwei Katzen aufzunehmen, wenn Sie den ganzen Tag außer Haus sind (→ Seite 98). Andererseits soll das aber nicht heißen, dass Sie Ihrer offensichtlich zufriedenen Einzelkatze unbedingt einen Artgenossen dazugesellen müssen. Es gibt auch Katzen, die lieber allein leben und nicht gewillt sind, ihr kleines Reich mit einem Artgenossen zu teilen.

Sind Sie tolerant? Katzenmenschen sollten bestimmte Eigenschaften vorweisen können (→ Test, Seite 81). Dazu gehört Humor. Die kleinen Racker haben oft allerlei Unsinn im Kopf, wie etwa Klopapierrollen abzuwickeln oder sich gerade dann malerisch über die Tastatur des Computers zu legen, wenn wir arbeiten wollen. Und dann ist natürlich Einfühlsamkeit von

TIPPS & TRICKS

Tierheimkatzen Wenn Sie nicht unbedingt eine Rassekatze möchten, schauen Sie sich im Tierheim um. Hier warten nicht nur Findelkatzen, sondern auch verwaiste Tiere, deren Besitzer umgezogen oder verstorben sind.

uns gefragt. Mieze gibt sich sehr viel Mühe, uns ihre Wünsche verständlich zu machen (→ Seite 107). Doch wer immer nur »Bahnhof« versteht, wird nie eine gute Beziehung zu seiner Katze aufbauen. Schließlich ist eine gute Portion Verständnis von Vorteil, denn die kleinen Tiger lieben es, Ordentliches in Unordentliches zu verwandeln. Und dann noch etwas: Laute, schrille, hektische und sture Zweibeiner schätzen Katzen gar nicht.

Wohnungskatzen – etwas ganz Besonderes

Sie wünschen sich menschenbezogene kleine Tiger und solche, denen die begrenzte Freiheit nichts ausmacht? Dann sollten Sie bei der Auswahl Ihrer Wohnungskatzen vor allem auf drei Dinge achten:

TEST: Sind Sie ein Katzenmensch?

Katzen sind eigenwillig, aber auch sehr sensibel. Sind Sie in der Lage, sich in das Wesen Ihres Stubentigers einzufühlen?

	JA	NEIN
1. Bleiben Sie gelassen, auch wenn dank Mieze wieder einmal etwas zu Bruch gegangen ist?	•	•
2. Katzen verlieren Haare, und so manches Haar landet vielleicht auf Ihrem Teller. Können Sie damit leben?	•	•
3. Sind Sie in der Lage, Ihrer Stimme einen melodischen, lockenden Klang zu verleihen?	•	•
4. Gehört Geduld zu Ihren Eigenschaften? Es kann lange dauern, bis Mieze auf Ihre Wünsche eingeht.	•	•
5. Katzen erwarten pünktliche Mahlzeiten. Können Sie das Ihrem Liebling in den meisten Fällen bieten?	•	•
6. Jede Katze hat eine eigene Persönlichkeit und lässt sich nicht umerziehen. Aus einem Hasenfuß kann man keinen Draufgänger machen. Können Sie das akzeptieren?	•	•
7. Haben Sie Verständnis, wenn Ihre Katze zum Beispiel plötzlich unsauber wird?	•	•

Auflösung: 7-mal »Ja«: Herzlichen Glückwunsch! Sie sind der geborene Katzenmensch. Mit Ihnen hat es jede Samtpfote lieber zu tun als mit ihresgleichen. Bei jedem »Nein« müssen Sie an sich arbeiten, wenn Ihnen die harmonische Beziehung zu Ihrem kleinen Tiger eine Herzensangelegenheit ist.

Die Russisch Blau – eine wahre Schönheit. Ihre smaragdgrünen Augen und ihr graublaues Fell machen sie unverwechselbar.

Gut sozialisiert Zwischen der zweiten und siebten Lebenswoche werden bei Katzenkindern soziale Verhaltensmuster festgelegt. Erfahrungen, die ein Kätzchen jetzt macht, prägen es für sein ganzes Leben. Wächst es in einer Katzengruppe auf, ist der Übungsplan perfekt. Im Spiel mit den Geschwistern trainiert es seine körperlichen Fähigkeiten. Im Umgang mit ihnen, seiner Mutter und anderen Artgenossen lernt es kätzisches Verhalten und wie man sich untereinander arrangiert. So entwickelt sich das Katzenkind zu einer selbstbewussten Mieze, die später Artgenossen gegenüber aufgeschlossen ist. Macht die kleine Katze jetzt positive Bekanntschaft mit Menschen verschiedenen Geschlechts und Alters, wird sie sich als Erwachsene uns gegenüber zutraulich zeigen. Wichtig sind auch Umwelteindrücke, etwa das Gewöhnen an verschiedene Geräusche wie zum Beispiel des Staubsaugers oder des Mixers, die Bekanntschaft mit anderen Tierarten, Laufen auf verschiedenen Untergründen oder Autofahrten in der Transportbox. All das festigt Wesen und Selbstbewusstsein des Kätzchens.

Duft der Freiheit unbekannt »Wer etwas nicht kennt, vermisst es auch nicht« – dieses alte Sprichwort hat seinen Sinn und lässt sich durchaus auch auf unsere Stubentiger anwenden. Halbwilden Bauernhofkätzchen oder Katzen, die Freigang gewöhnt sind, fällt es schwer, ein begrenztes Wohnungsrevier zu akzeptieren. Sie werden immer die Freiheit vermissen, selbst wenn Sie ihnen ein wahres Katzenparadies in Ihrem Zuhause geschaffen haben. Katzen, die aus einer Wohnungshaltung stammen, kennen es dagegen nicht anders. Deshalb sind Sie gut beraten, sich für solche Tiere zu entscheiden. Eine Einschränkung möchte ich allerdings machen. Ich kenne einige alte und behinderte Freigängerkatzen, die bis dato im Tier-

CHECKLISTE

Die richtige Katze für Sie

- ☐ Überlegen Sie vorab, was Sie dem Tier zu bieten haben. Dazu gehört sowohl das Platzangebot als auch Ihre eigene Lebenssituation.
- ☐ Wählen Sie eine Katze, die zu Ihrem Wesen passt. Wer z. B. selbst die Herausforderung liebt, sollte sich keinen Angsthasen zulegen.
- ☐ Erst ab drei Monaten ist die Katze für ein eigenes Leben gerüstet.
- ☐ Achten Sie unbedingt darauf, dass das Tier gut sozialisiert und menschenbezogen aufgewachsen ist.
- ☐ Freigängerkatzen akzeptieren selten ein kleines Wohnungsrevier.

Wenn das Baby da ist, darf die Katze es »besichtigen« und ausgiebig beschnuppern. Unbeaufsichtigt ins Kinderzimmer darf sie aber nicht.

heim lebten, neue Besitzer fanden und sich problemlos in ihr Wohnungsrevier einlebten, fast so, als wären sie dankbar dafür, dass sie von ihren Menschen aufgenommen wurden.

Alter Frühestens mit zwölf Wochen ist das Katzenkind reif genug für die Trennung von Mutter, Geschwistern und anderen Mitgliedern der Katzengruppe. Es ist körperlich geschickt, beherrscht das Katzenvokabular und kennt die Umgangsregeln der Katzengesellschaft, kurzum, es ist für ein eigenständiges Leben gerüstet. Zu früh getrennte Kätzchen neigen zu Überängstlichkeit, Agressivität oder binden sich extrem an ihre Menschen. Letzteres klingt in unseren Ohren gut, doch wenn eine Katze »klammert«, können Sie keinen Schritt mehr ohne sie tun oder sie alleine lassen.

Wesen Einige Katzenrassen sind besonders für die Wohnungshaltung geeignet (→ ab Seite 86). Dennoch spielt das Wesen der Katze eine untergeordnete Rolle. Vielmehr kommt es auf Ihre Einstellung an und was Sie selbst zu bieten haben. Wer viel Platz hat, kann sich für temperamentvolle Stubentiger entscheiden. Wer meist zu Hause ist, mag vielleicht »Quasselstrippen« besonders gern. Wieder andere lieben »Schmusebären«.

TIPPS & TRICKS

Flaschenkinder, also per Hand aufgezogene Kätzchen, sind Menschen gegenüber nicht anhänglicher. Sie haben entscheidende Entwicklungsdefizite, was später häufig zu überängstlichem, hyperaktivem oder fordernd-aggressivem Verhalten führt.

Wie Sie Ihre Traumkatzen finden

Katzen finden Sie über Zeitungsinserate, Internet, Bekannte, das Tierheim und Tierhilfsorganisationen.

Der eigene Eindruck Machen Sie sich unbedingt selbst ein Bild, wie die Kätzchen aufwachsen. Für eine teure Rassekatze wird Ihnen sicher kein Weg zu weit sein, aber tun Sie es in Ihrem Interesse auch bei liebenswerten Hauskätzchen. Aus Ihren Beobachtungen und konkreten Fragen lässt sich einiges schließen. Leben die Tiere in der Menschenfamilie, oder sind sie abseits untergebracht? Wie gehen die Besitzer mit den Katzen um? Werden sie liebevoll behandelt? Stellt man Ihnen Fragen zu Ihren persönlichen Verhältnissen? Dann haben die Halter Interesse daran, dass die Kleinen ein gutes Zuhause bekommen. Gut sozialisierte, menschenbezogene Katzen umringen Sie neugierig, wenn sie Sie sehen, und verschwinden nicht unter dem nächstbesten Schrank – jedenfalls nicht für die gesamte Zeit Ihres Besuchs. Beobachten Sie auch das Verhalten der Mutterkatze. Zieht sie sich ebenfalls zurück und ist wenig zugänglich, hat sie dieses Verhalten bereits an ihre Kinder weitergegeben. In welcher körperlichen Verfassung sind die Kleinen? Einen Gesundheitscheck finden Sie auf Seite 153. Selbstverständlich sind die Kätzchen bereits geimpft und entwurmt, was der Impfausweis belegt. Bei Kaufabschluss erhalten Sie außerdem aktuelle Gesundheitsuntersuchungen, den Stammbaum der Katze und den Kaufvertrag. Gewissenhafte Züchter verpaaren nur solche Katzen miteinander, die einwandfreie Erbanlagen haben.

Die meisten Katzen lieben es, Ordentliches in Unordentliches zu verwandeln.

Verhaltenstest Sie wollen nicht die »Katze im Sack« kaufen? Dann machen Sie einen kleinen Test, denn selbst in einem Wurf gibt es unterschiedliche Charaktere. Setzen Sie sich auf den Boden, rascheln Sie mit Papier und beobachten Sie die Reaktion der Katzenkinder.

Der forsche Abenteurer kommt als Erster zu Ihnen, beschnüffelt Sie neugierig und klettert vielleicht sogar auf Ihnen herum. Der Vorsichtige lässt seinen Geschwistern den Vortritt, läuft aber hinterher. Nehmen Sie die Kätzchen nach einiger Zeit des Kennenlernens einzeln in die Hände. Der kleine Rabauke windet sich. Er will nur eines: zurück zu seinen Geschwistern und weiterraufen. Schmusige Miezen lassen sich gern eine Weile schnurrend streicheln. Sehr kontaktfreudige Katzen bieten Ihnen mit aufgestelltem Schwanz ihren Popo zur Geruchskontrolle an. Die Analkontrolle ist unter Katzen üblich, verrät doch der individuelle Duft der Analdrüsen, mit wem man es hier zu tun hat. Auf diesen Vertrauensvorschuss können Sie sich etwas einbilden. Wählen Sie Kätzchen, die zu Ihnen passen. Eines sei noch erwähnt: Katzen haben selbst oft einen untrüglichen Instinkt für Menschen, die zu ihnen passen. Stimmt die Chemie auf Anhieb zwischen Ihnen beiden, steht die Beziehung von Anfang an unter einem glücklichen Stern.

Rechtsfragen: Muss die Katzenhaltung vom Vermieter genehmigt werden?

Nach dem Tod ihrer Freundin nahm die ältere Dame deren Katze in ihrer Mietwohnung auf, ohne ihren Vermieter zu informieren. Daraufhin klagte dieser gegen seine Mieterin. Sie hatte vor Jahren einen Mietvertrag mit der Klausel »Tiere dürfen nur mit vorheriger schriftlicher Genehmigung des Vermieters gehalten werden« unterschrieben. Der Vermieter pochte auf den Vertrag – ohne Erfolg. Das Gericht erklärte die Klausel für unwirksam.

Leider sind die Urteile in unserer Rechtsprechung nicht einheitlich, denn bisher gibt es noch kein Grundsatzurteil zum Thema Katzenhaltung in der Mietwohnung. Immerhin lässt sich ein positiver Trend in Richtung pro Tierhaltung verzeichnen.

MIETWOHNUNG

In der Regel ist es bislang immer noch so, dass ein Vermieter dem Mieter die Wohnung kündigen kann, wenn der ein Verbot im Mietvertrag akzeptiert hat, aber trotzdem Katzen hält. Er kann die Erlaubnis zur Katzenhaltung auch von Bedingungen abhängig machen, zum Beispiel nur Wohnungshaltung, nur kastrierte Tiere, nicht mehr als zwei etc. Doch immer mehr Richter sehen das Halten von Katzen – insbesondere Wohnungskatzen – als vertragsgemäßen Gebrauch einer Mietwohnung an, solange keine Belästigungen für den Vermieter und die Mitmieter von der Katzenhaltung ausgehen. Dazu gehören beispielsweise Geruchsbelästigungen, Rohrverstopfungen oder überfüllte Mülltonnen durch Katzenstreu. Um den Hausfrieden zu wahren, sollten Sie jedoch – unabhängig von der Rechtslage – vor der Anschaffung einer Katze das Einverständnis des Vermieters einholen.

EIGENTUMSWOHNUNG

In einer Eigentumswohnung ist die Katzenhaltung grundsätzlich erlaubt. Ein generelles Verbot für die Katzenhaltung kann nur durch den einstimmigen Beschluss aller Wohnungseigentümer der Anlage beschlossen werden. Eine Stimmenmehrheit reicht dafür nicht aus. Zulässig ist allerdings der Beschluss der Wohnungseigentümer, die Anzahl der gehaltenen Katzen zu begrenzen.

Katzenrassen, die in die Wohnung passen

Rassekatzen bieten gewisse Vorteile: Sie weisen bestimmte Charaktereigenschaften auf, ihre Eltern und weitere Vorfahren sind bekannt und im Stammbaum aufgelistet, und sie stammen in der Regel aus einer Wohnungshaltung.

Die Thai

Diese wunderschöne Katze entspricht in ihrem äußeren Erscheinungsbild der Siamkatze, wie sie noch vor etwa 20 Jahren aussah. Bekannt ist die Thai für ihre Intelligenz, außerordentliche Neugier und Gesprächigkeit. Diese temperamentvolle Katze ist sehr menschenbezogen und fordert uneingeschränkte Aufmerksamkeit. Zu viel Trubel in ihrer Umgebung mag sie nicht.

Die Siam

Die moderne Zucht hat die Siam in ihrem Aussehen deutlich verändert. Sie hat heute einen keilförmigen Kopf, einen langen, schlanken Körper mit einem peitschenartig langen Schwanz. Ihre Eigenschaften entsprechen denen der Thai. Im Gegensatz zu den meisten Thais liebt die Siam jedoch Action ohne Ende.

Die Abessinier

Sie gehört zu den ältesten Katzenrassen. Diese eleganten, athletischen, temperamentvollen »Klettermaxe« sind umgänglich, anpassungsfähig, verspielt und sehr gelehrig. Sie bleiben nicht gern allein, brauchen viel Abwechslung, Beschäftigung und Bewegungsraum. Für Berufstätige ist die Rasse weniger empfehlenswert, denn die »Abys« wollen am liebsten den ganzen Tag bei allem dabei sein. Mit diesen kleinen Abenteurern wird es Ihnen garantiert nie langweilig.

Die Bengal

Mit ihrem getüpfelten Fell sieht sie aus wie eine Wildkatze. Dabei hat sie ein freundliches, verschmustes und umgängliches Wesen – vorausgesetzt, sie stammt aus einer guten Zucht.Sie braucht eine große, gut strukturierte Wohnung – möglichst mit gesichertem Freilauf.

Die Burma

Bei Katzensport-Weltmeisterschaften würde sie wohl häufig auf der Siegertreppe stehen – vor allem wenn Sprungtechnik gefragt ist. Sie liebt Gesellschaft, möchte aber das Sagen haben. Die selbstbewussten Burmesen führen mit ihren Menschen gern lange Gespräche.

Die German Rex

Eine herbe Schönheit ist die German Rex mit ihrem gewellten, plüschartigen Fell. Sie hat aber durchaus liebenswerte Charaktereigenschaften. Diese Katzen sind intelligent, kontaktfreudig, temperamentvoll, verspielt und sehr menschenbezogen. Vernachlässigung nehmen sie sehr übel, reagieren mit Nervosität und Verlassensängsten. Gegenüber tierischen Mitbewohnern spielt die German Rex gern den Boss.

Die Britisch Kurzhaar

Die blaue Variante, auch als Kartäuser bekannt, ist sehr beliebt. Sie agiert nach dem Motto: »Übermut tut selten gut.« Die »Bärchen« mit ihrem kurzen, dichten Fell sind eher ruhige und bedächtige Vertreter. Das heißt aber nicht, dass sie kein Interesse an kurzweiligen Spielrunden haben. Doch gemütliche Schmusestunden stehen bei ihnen noch höher im Kurs. Die Britisch Kurzhaar ist nervenstark und kommt auch gut in einer turbulenten Familie zurecht.

Die Europäisch Kurzhaar

Sie sieht aus wie eine ganz normale Hauskatze und entspricht ihr auch in ihrem Wesen. Die Europäisch Kurzhaar ist intelligent und weiß genau, was sie will. Diese robuste Katze, die auch bei Kälte auf den Balkon geht, passt sowohl in eine Familie als auch zu Singles.

Die Britisch Kurzhaar

Hier in der Variante Britisch Kurzhaar black silver tabby. Wer eine anhängliche und liebenswerte Mieze sucht, hat sie in dieser Katze gefunden. Schlummern, schmusen und kurz hinter dem Bällchen herjagen – das ist schon alles, was die Britisch Kurzhaar begehrt. Ihr Bewegungsbedarf ist eher als gering einzustufen. Deshalb nimmt sie auch mit einer kleineren Wohnung vorlieb.

Die Somali

Vom Körperbau und Wesen entspricht die Somali der Abessinier. Sie ist ebenso aktiv und verspielt und hält ihre Menschen gern mit allerlei verrückten Einfällen auf Trab. Die Somali braucht viel Beschäftigung, Ansprache und Platz zum Toben. Mitten in einer aktiven Familie, die Zeit für ausgiebige Spielrunden mit ihr hat, fühlt sich diese elegante, sehr aparte Rassekatze ganz besonders wohl.

Die Maine Coon

»Gentle Giant«, freundlicher Riese, so wird die bis zu 10 Kilogramm schwere Maine Coon auch liebevoll genannt. Klar, dass solch eine Katze Platz braucht. Die Maine Coon ist ausgeglichen, unternehmungslustig, jedoch nicht übermäßig temperamentvoll.

Die Heilige Birma

Ihr herrlich weiches Fell verführt zum Streicheln, und das genießt die Birma in vollen Zügen. Diese freundliche, menschenbezogene Katze kommt auch gut mit Kindern klar. Sie ist leise, verträglich und verspielt. Sie liebt es, wenn ihre Menschen Zeit für sie haben. Fremden gegenüber geben sich viele Birmas aber eher zurückhaltend.

Die Ragdoll

Eine stattliche Erscheinung mit ihrem halblangen, seidenen Fell und den tiefblauen Augen. Die Ragdoll (engl.: Stoffpuppe) ist besonders umgänglich und friedlich, anhänglich und verspielt. Ihre leise, unaufdringliche Art macht sie zu einer Wohnungskatze par excellence.

Die Norwegische Waldkatze

Die imposante Norwegische Waldkatze gehört mit zu den beliebtesten Rassekatzen. Sie hat ein freundliches, verschmustes Wesen und passt gut in die Familie. Mit Kindern kommt sie meist problemlos klar, ebenso mit Artgenossen und anderen Haustieren wie etwa einem Hund. Allerdings braucht sie viel Platz und Bewegung. Ein gesicherter Balkon und/ oder gesicherter Freigang im Garten sollten ihr zur Verfügung stehen.

Die Perserkatze

Es gibt sie in verschiedenen Farben und Zeichnungen, hier eine Chinchilla. Perserkatzen sind ruhige und bedächtige Tiere, denen Hektik und Stress zuwider sind. Sie lieben die Nähe ihrer Menschen, erwarten aber keine »Dauerbespaßung«. Beim Spielen zeigen die Perser eine Beweglichkeit, die man ihnen gar nicht zutraut. Wer sich für diese Rasse entscheidet, sollte bei seiner Wahl auf Tiere »mit Nase« achten.

Die Perserkatze

Extrem plattnasige Perserkatzen entsprechen zwar dem Rassestandard, leiden jedoch unter Atemproblemen und chronisch verstopften Tränenkanälen. Glücklicherweise gibt es immer mehr verantwortungsvolle Züchter, die einem gemäßigten Typ den Vorzug geben.

RASSEN, DIE IN DIE WOHNUNG PASSEN

Auch diese Katzenrassen eignen sich für die Wohnungshaltung. Manche sind zum Beispiel besonders lebhaft, andere eher bedächtig. Wählen Sie eine Rasse, die zu Ihnen passt.

RASSE	CHARAKTER	BEWEGUNGSDRANG	PFLEGEAUFWAND	KUSCHELFAKTOR
Balinese	selbstbewusst, klug und voller Tatendrang; dabei anhänglich und sehr gesprächig	••	•	•••
Britisch Langhaar	unkompliziert, anpassungsfähig, bedächtig und zurückhaltend; mit einem stabilen Nervenkostüm ausgestattet	•	••	•••
Burmilla	sensibel, lebhaft, verspielt und gelehrig; sie plaudert und schmust gern mit ihrem Menschen	••	••	•••
Egyptian Mau	selbstbewusst, klug und temperamentvoll; ihrem Menschen gegenüber ist sie anhänglich und zärtlich	•••	•	••
Exotic Shorthair	bedächtig, sanft, gutmütig und zurückhaltend; baut eine enge Beziehung zu ihrem Menschen auf	•	•	•••
Javanese	freundlich, neugierig, gelehrig und verspielt; sie bindet sich eng an ihren Menschen	••	•	•••
Korat	selbstbewusst, liebenswert, anpassungsfähig; sie lässt sich gern von ihrem Menschen hofieren	••	•	•••
Ocicat	liebenswert, zärtlich, lebhaft und verspielt; immer zu Streichen aufgelegt und sehr gesprächig	••	•	•
Russisch Blau	still, sanft und zurückhaltend, aber auch stolz; sie schätzt Schmusestunden, will aber nicht bedrangt werden	•	•	••
Savannah	selbstbewusst, aktiv, temperamentvoll, intelligent und sozial; sie steht gern im Mittelpunkt	•••	•	••
Sibirische Katze	robust, lebhaft, mutig und interessiert, gesellig; sie genießt Streicheleinheiten, ohne aufdringlich zu sein	•••	•	•••
Singapura	intelligent, lebhaft, freundlich, verspielt und gesellig; sie ist ihrem Menschen gegenüber anhänglich und treu	••	•	••
Tonkanese	selbstbewusst, intelligent, verspielt und ausgeglichen; sie steht bei ihrem Menschen gern im Mittelpunkt	••	•	•••
Türkisch Angora	intelligent, verspielt, lebhaft und neugierig; sie fordert von ihrem Menschen Liebe und Respekt	••	••	•••

Bewegungsdrang • gering •• hält sich in Grenzen ••• braucht viel Platz
Pflegeaufwand • gering •• mittel ••• groß
Kuschelfaktor • wenig verschmust •• schmust gern ••• besonders verschmust

Die Ankunft im neuen Zuhause

Der Umzug in ein neues Heim bedeutet für Katzen Stress pur. Sie verlieren nicht nur ihr gewohntes Umfeld, sondern auch vertraute Artgenossen und Menschen. All die Veränderungen machen selbst den mutigsten Miezen Angst. Jetzt ist Einfühlungsvermögen von Ihrer Seite gefragt.

Gut geplant ist halb gewonnen

Alles ist für den Einzug der beiden kleinen Maine-Coon-Geschwister vorbereitet. Es gibt einen Kratzbaum und andere Kratzgelegenheiten (→ Seite 14), Futter- und Wassernäpfe stehen bereit, Schlafplätze sind eingerichtet, und die Katzentoiletten enthalten die gewohnte Streu der Katzenkinder. Auf dem Boden des »Empfangszimmers« liegen einige Spielzeuge, die die Neuankömmlinge von ihrer Aufregung ablenken sollen. Die Züchterin bringt ihre Kleinen persönlich ins neue Heim – eine gute Gelegenheit, sich selbst ein Bild von dem künftigen Lebensumfeld ihrer Katzen zu machen.

Katzen transportiert man am besten in einem Kennel aus Kunststoff. Die Box ist auch für spätere Tierarztbesuche eine gute Investition.

- Wenn Sie Ihr neues kätzisches Familienmitglied selbst abholen, tun Sie dies am besten zu zweit. Dann kann einer dem Tier während der Fahrt leise und beruhigend zureden.
- Legen Sie etwas Vertrautes, zum Beispiel eine kleine Decke oder ein Kissen aus dem alten Zuhause der Katze, in den Kennel. Auch das wirkt beruhigend und gibt Geborgenheit.
- Vor und während der Fahrt wird die Katze nicht gefüttert, denn vor allem Katzenkindern schlägt die Aufregung schnell auf den Magen. Bieten Sie dem Tier bei einer längeren Reise in den Pausen frisches Trinkwasser an.

Katzen brauchen Zeit, um in Ruhe ihre neue Umgebung zu erkunden.

Zu Hause angekommen, stellen Sie die Transportbox mit dem Neuankömmling in eine ruhige Zimmerecke, öffnen die Tür des Kennels und warten ab, was passiert.

- Verzichten Sie beim Einzug Ihres kleinen Tigers auf ein Empfangskomitee. Halten Sie die Kinder zurück und vertrösten Sie Freunde und Verwandte auf ein oder zwei Wochen später. Katzen und Hunde, die bereits im Haushalt leben, bleiben zunächst dem Empfangszimmer fern (→ Seite 104).
- Lassen Sie die Katze selbst entscheiden, wann sie die ersten Schritte in ihr neues Reich wagt. Versuchen Sie nicht, sie aus der Box zu holen, sie auf den Arm zu nehmen oder mit unerwünschten Streicheleinheiten zu verwöhnen, selbst wenn Sie's noch so gut meinen. Vertrauen muss wachsen.

Zu viel des Guten. Richtig wohl fühlt sich Mieze bei dieser engen Umklammerung nicht.

Bei den meisten Katzen siegt die Neugierde schnell über ihre Angst und Unsicherheit. Sie verlassen den Transportkorb und beschnuppern interessiert ihre neue Umgebung.

- Lassen Sie Ihren Neuankömmling alles in Ruhe erkunden. Verfolgen Sie ihn nicht dabei, sondern beobachten Sie ihn, ohne ihn direkt anzuschauen.
- Wappnen Sie sich mit einem Leckerli und setzen Sie sich auf den Boden. So wirken Sie weniger bedrohlich und riesenhaft auf die wesentlich kleinere Katze. Bieten Sie dem Tier mit ausgestreckter Hand und lockenden freundlichen Worten ein Leckerli an.
- Blinzeln Sie Mieze mehrmals hintereinander langsam an, denn Augenzwinkern kommt in Katzenkreisen unserem freundlichen Lächeln gleich. Hat sie schon ein wenig Vertrauen gefasst, blinzelt sie zurück.
- Holt sich die Katze den Leckerbissen ab und reibt vielleicht sogar ihren Kopf an Ihrer Hand, ist das Eis gebrochen.

CHECKLISTE

Daran sollten Sie vor dem Einzug der Katze denken

- [ ] Ist alles katzensicher? Gibt es zum Beispiel keine giftigen Zimmerpflanzen, sind Stromkabel unerreichbar, und liegt nichts herum, an dem sich Mieze verletzen kann (→ Gefahren ab Seite 67)?
- [ ] Haben Sie Ihrem neuen Familienmitglied sein gewohntes Futter und die gewohnte Einstreu besorgt?
- [ ] Bringen Sie all das in Sicherheit, was Ihnen wichtig ist. Schimpftiraden schon beim ersten Zusammentreffen vergisst eine Katze nicht.
- [ ] Überlegen Sie sich vorab, was Sie Ihrer Katze erlauben und was nicht. Einmal gestattet heißt für Mieze immer gestattet. Sie wird ihr vermeintliches Recht beharrlich einfordern.

Gegen eine Runde Kuscheln und Streicheln mit Frauchen habe ich nichts einzuwenden.

Ach, tut das gut. Das Kraulen hinter den Ohren mögen die meisten Samtpfoten besonders gern.

Kinnkraulen ist auch nicht zu verachten. Die Katze quittiert es mit einem wohligen Schnurren.

Wie schön, dass ich mein Frauchen mal so begrüßen darf, wie es in Katzenkreisen üblich ist.

Nun ist es an der Zeit, der Katze ihre Futter- und Wasserstelle und das Katzenklo zu zeigen.

- Alles steht bereits am richtigen Platz, der Futternapf ist mit Futter gefüllt, das die Katze auch in ihrem alten Zuhause bekommen hat.
- Gehen Sie langsam zu besagten Stellen und fordern Sie Mieze dabei mit lockender Stimme auf, Ihnen zu folgen.
- Kommt die Katze hinter Ihnen her, kann sie sich gleich selbst mit leckerem Futter für ihren Mut belohnen.

Diese Aufforderung ist eindeutig: »Bitte streichle mich oder spiel eine Runde mit mir.«

Probieren Sie aus, ob die Katze nach dem anstrengenden Tag noch Lust auf ein kleines Spielchen mit Ihnen hat.

- Gemeinsames Spielen fördert das Vertrauen und die Bindung. Machen Sie Mieze ein unaufdringliches Spielangebot, zum Beispiel indem Sie ihr Papierbällchen zuwerfen oder ein Bällchen auf sie zurollen lassen. Versucht sie beides zu fangen, ist sie auf dem besten Weg, sich rasch einzuleben.

Katzenkinder werden schnell müde. Die Frage ist nun, wo das Kleine schlafen darf – neben Ihrem Bett oder in einem separaten Zimmer.

- Kleine Kätzchen überkommt nicht selten der Katzenjammer, wenn sie nachts alleine ohne Mutter und Geschwister aufwachen. Legen Sie auf jeden Fall das vertraute Deckchen oder Kissen aus dem alten Zuhause auf den Schlafplatz des Katzenkindes. Darf es neben Ihrem Bett schlafen, können Sie es nachts mit beruhigenden Worten und Streicheleinheiten über seinen Kummer hinwegtrösten. Allerdings haben Sie jetzt eine Entscheidung getroffen, die Sie nicht mehr rückgängig machen können. Einmal im Schlafzimmer – immer im Schlafzimmer.
- Möchten Sie nicht, dass das Katzenkind in Ihrem Schlafzimmer schläft, verbringen Sie die ersten Nächte zusammen mit ihm dort, wo es auch in Zukunft schlafen soll.

Doppeltes Katzenglück

Einzelne Wohnungskatzen leiden oft unter Einsamkeit und Langeweile, besonders dann, wenn ihre Menschen tagsüber außer Haus sind. Entscheiden Sie sich deshalb von Anfang an für einen Doppelpack. Vielversprechende Konstellationen sind:

Geschwister Sie vertragen sich in der Regel prächtig, auch dann, wenn sie erwachsen geworden sind.

Zwei, die sich mögen Zum Beispiel im Tierheim schließen sich nicht selten zwei Tiere eng zusammen. Sie kuscheln gemeinsam, putzen sich gegenseitig und suchen zusammen ihre Lieblingsplätze auf.

Zwei aus der Großfamilie Sie haben zwar nicht die gleichen Eltern, doch sie sind zusammen aufgewachsen. Man kennt sich und mag sich.

Wenn eine Katze dazukommt

Es gibt kein Patentrezept für eine erfolgreiche Zusammenführung von Katzen, die sich nicht kennen. Unter Katzen spielt Sympathie eine ebenso große Rolle wie bei uns. Einige wenige Regeln haben sich herauskristallisiert. Aber auch hierbei gibt es natürlich Ausnahmen (→ Seite 132).

Ein neuer Partner In einem Zwei-Katzen-Haushalt kann ein Partner sterben. Nach einer angemessenen Trauerzeit sollte Ihre Katze oder Ihr Kater wieder einen Partner oder eine Partnerin bekommen. Wählen Sie ein Tier im gleichen Alter und mit ähnlichem Charakter.
Das Geschlecht Oft heißt es in der Literatur, dass sich im Gegensatz zu zwei Katern zwei Kätzinnen unversöhnlich zeigen. Das kann ich nicht bestätigen – im Gegenteil: Zwei gleichgeschlechtliche Tiere verstehen sich oft sehr gut, wie im Übrigen auch Katze und Kater. Beide sollten kastriert sein, dann spielt die Frage des Nachwuchses keine Rolle.
Erweiterung der Katzengruppe Gemischte Gruppen lassen sich meist ohne große Schwierigkeiten mit einer Kätzin erweitern.
Jung und Alt Ein Katzenkind kann für ein älteres Tier, das eher seine Ruhe haben möchte, nervig sein. Doch es gibt auch viele Gegenbeispiele. Sir Lionel ist zum Beispiel so ein Fall. In der Katzengruppe übernimmt er schon seit vielen Jahren Babysitterpflichten und lässt die Kleinen sogar an seinen kleinen Zitzen nuckeln, auch wenn er keine Milch geben kann …
Hinweis Falls sich zwei Katzen partout nicht mögen, sollten Sie ein Rückgaberecht vereinbaren. Dauerstress tut beiden Tieren nicht gut.

TIPPS & TRICKS

Bringen Sie Zeit mit, wenn die Katze bei Ihnen einzieht – wenigstens ein langes Wochenende, besser noch ein paar Tage mehr. Die Nähe erleichtert das Kennenlernen und schafft die Vertrauensbasis für ein harmonisches Zusammenleben.

Hier lässt es sich prima ruhen. Auf diesem Sofa darf auch gekratzt werden, denn das Naturprodukt besteht aus stabiler Wellpappe.

Schlaf, Kätzchen, schlaf …

Eben noch hat das Katzenkind ausgelassen herumgetobt, plötzlich fällt es in einen tiefen Schlaf. Junge Katzen spielen bis zum Umfallen. Doch dann fordert der kleine Körper sein Recht und will sich regenerieren. Außerdem müssen die neuen Eindrücke und Erlebnisse während des Schlafs verarbeitet werden.

Acht Dinge, die kleine Katzen glücklich machen

Spielen und Kratzen

Dieser Spielbaum hat für junge Katzen einen unglaublichen Unterhaltungswert, wie unser Test bewiesen hat. An der Säule darf gekratzt werden, und ein Spielzeug am Gummiband und zwei versteckte Spielbälle im unteren Teil des Katzenspielzeugs sorgen für tolle Beutefangerlebnisse.

Spielschiene

Die genaue Bezeichnung lautet: Catit Design Senses Spielschiene. Dieses Spielzeug trainiert Hör-, Seh- und Tastsinn der Katze. Es kann mit weiteren Elementen vergrößert werden. Unsere kleinen Tester waren jedenfalls voll konzentriert damit beschäftigt, das Bällchen in der Schiene mit den Pfoten anzuschubsen und zu jagen.

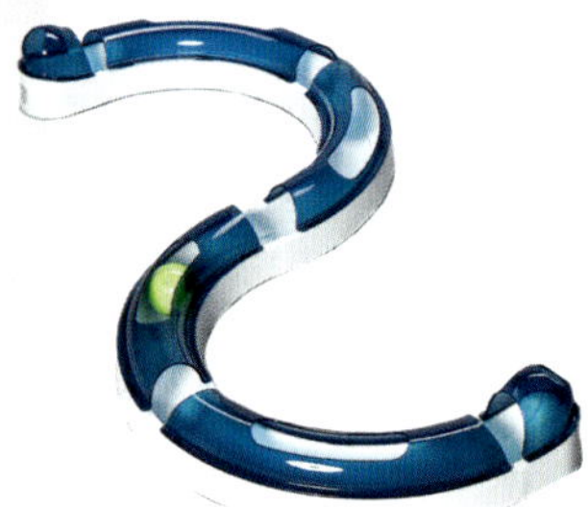

Naturspielzeug

Die Federn, mit Luffa (getrocknete Kürbisfrucht) verbunden, sitzen auf beweglichen Spiralen. Der Fuß des Spielzeugs ist sisalbezogen. Auch dieses Spielzeug hat unseren kleinen kätzischen Testpersonen ungeheuren Spaß bereitet. Sorgen Sie dafür, dass Ihre Wohnungskatze viele verschiedene Anregungen bekommt.

Für Klein und Groß

Die runde Katzenhöhle »Le Rond« besteht aus kratzfester Pappe. Die Kleinen nutzen sie gern als Fitnessgerät. Aber relaxen und kratzen können hier große und kleine Miezen auch ganz prima.

Treppe fürJung und Alt

»PetStair« ist ein super Universalteil aus Birkenholz. Eine wunderbare »Gehhilfe« für junge und alte Katzen. Die Stufen sind mit Teppichboden bezogen, damit Mieze nicht abrutscht. In den aufklappbaren Stufen lässt sich Spielzeug verstauen.

»Snack Roll«

Wenn Mieze die Rolle mit den Pfoten hin- und herrollt, fallen Leckerlis aus den Löchern. Herausnehmbare Stäbe ermöglichen das Regulieren der Leckerliausgabe. Eine tolle Sache für unterbeschäftigte Wohnungstiger, die Alt und Jung Spaß macht.

Kuschelhöhle

In dieser Schlafhöhle fühlen sich die Kleinen sicher und geborgen. Die Höhle ist faltbar, hat einen abnehmbaren gepolsterten Deckel und darunter ein kleines Staufach für Spielzeug. Für Gemütlichkeit sorgt ein Wendekissen, das waschbar ist.

Hängematte

Unter dem Namen »Hängematte Siesta« wird es angeboten, das Chill-out-Teil für Katzen. Es eignet sich tatsächlich wunderbar für kleine Katzen. Für große ist es jedoch zu instabil.

Katzen und andere Heimtiere: Wer passt zusammen, wer nicht?

Die 15-jährige Burma-Katzendame Fleur ist Frauchens Liebling, Paul, ein 7-jähriger Retriever, Herrchens Goldstück. Paul biedert sich gern bei Fleur an, denn sie ist eindeutige Chefin der Tier-WG. Wenn ihr Paul auf die Nerven geht, verpasst sie ihm einen kurzen schmerzhaften Pfotenhieb auf die Nase – und dann hat sie ihre Ruhe. Paul sucht, wie beabsichtigt, jaulend das Weite und lässt sich von Herrchen trösten.

Die Geschichte von Paul und Fleur ist nicht erfunden. Bereits seit sieben Jahren funktioniert die Tiergemeinschaft auf dieser Basis. Sie ist zwar nicht das Gelbe vom Ei – aber es klappt. Von Natur aus sind Hund und Katze Feinde, denn Katzen passen perfekt in das Beuteschema des Hundes. Macht der Hund Jagd auf die Katze und erwischt sie, tötet er sie. Doch wenn beide zusammen aufwachsen, können regelrechte Freundschaften entstehen, obwohl sie verschiedene Sprachen sprechen. Schwieriger wird es, einen Hund und eine Katze aneinander zu gewöhnen, die bisher in getrennten Haushalten lebten.

WIE HUND UND KATZE

Wie geht man also am besten vor, wenn es darum geht, Hund und Katze aneinander zu gewöhnen?

- Junge Katze und junger Hund: Meist verstehen sich Tierkinder auf Anhieb. Beobachten Sie, wie sich die beiden verhalten. Gehen sie langsam aufeinander zu und beschnuppern sich gegenseitig, ist alles in Ordnung. Wird der Welpe zu stürmisch oder jagt gar die Katze, rufen Sie ihn zur Räson. Voraussetzung dafür ist allerdings, dass der Welpe Ihnen gehorcht. Verhält er sich brav, sollten Sie nicht mit lobenden Worten sparen und ihm ein Leckerchen spendieren.

Das muss wohl Liebe sein. Die beiden kennen sich schon von klein auf. Von einer Feindschaft zwischen Hund und Katze ist hier nichts zu spüren.

Mieze beschnüffelt neugierig das Meerschweinchen. Aber Achtung! Die kleinen Nager passen perfekt ins Beuteschema einer ausgewachsenen Katze.

- Junge Katze kommt zum erwachsenen Hund: Der Hund muss lernen zu akzeptieren, dass die Katze nun zur Familie gehört. Er darf bei der ersten Begegnung die Katze beschnuppern und beobachten, wie Sie Mieze streicheln. Aber auch er als Alteingesessener muss von Ihnen beachtet und mit guten Worten bedacht werden, damit keine Eifersucht aufkommt. Anfangs finden die Begegnungen immer unter Ihrer Aufsicht und eventuell mit angeleintem Hund statt.
- Erwachsene Katze und erwachsener Hund: Kommt der Hund zur Katze, sind die meisten Stubentiger nicht gerade »amused«. Sie verteidigen ihr Revier oder haben Angst. Umgekehrt läuft es oft besser. In der ersten Zeit sollte die Annäherung nur unter Ihrer Aufsicht stattfinden.

Grundsätzlich müssen die Refugien des alteingesessenen Tieres erhalten bleiben. Verteilen Sie Ihre Zuwendung gerecht, damit keine Eifersucht aufkommt. Die Katze braucht genügend Rückzugsmöglichkeiten. Richten Sie Futterplätze von Katze und Hund getrennt ein. Zum einen kann die Katze dann in Ruhe fressen, zum andern gerät der Hund nicht in Versuchung, sich am proteinhaltigeren und damit für ihn sehr schmackhaften Katzenfutter zu bedienen.

KATZEN, KLEINTIERE UND VÖGEL

Alles, was kleiner ist als sie selbst und wegläuft, löst bei Katzen den Jagdtrieb aus. Lediglich ganz junge Katzen betrachten Hamster & Co. vielleicht zunächst noch als interessante Spielkameraden. Doch sieht man das Ganze einmal aus der Sicht eines Meerschweinchens, einer Rennmaus oder des Zwergkaninchens, wird schnell klar, dass die Tiere in Anwesenheit einer Katze unter Dauerstress stehen. Auch Vögel passen ins Beuteschema der Katze, selbst wenn ein großer Papagei in der Lage wäre, sich mit seinem kräftigen Schnabel entsprechend zu verteidigen. Verzichten Sie besser auf die gemeinsame Haltung von Kleintieren, Vögeln und Katzen.

KATZEN, FISCHE UND TERRARIENTIERE

Ein Aquarium mit Fischen ist für Katzen unwiderstehlich, ebenso ein Terrarium und seine Bewohner. Stundenlang können die kleinen Tiger davorsitzen und das Treiben darin beobachten. Grundsätzlich müssen Aquarien und Terrarien abgedeckt sein, nicht nur um die Tiere darin zu schützen, sondern auch um Mieze vor einem »Reinfall« zu bewahren. Ob die Aquarien- und Terrarienbewohner hinter dem Glas unter Stress stehen, wenn sie eine Katze sehen, ist bislang noch unerforscht.

Wie Katzen mit uns sprechen

Die Samtpfote gibt sich viel Mühe, die Sprachbarriere zwischen ihr und uns zu überwinden. Sie setzt ihre Körpersprache und Mimik ein, nutzt ihre Stimme und beobachtet uns genau. Für eine gute Verständigung müssen auch wir etwas tun: die Katzensprache lernen und hinsehen.

Ich zeige dir, was ich meine

Kitty sitzt auf Claudias Schoß und genießt ihr sanftes Streicheln. Claudia schaut währenddessen gebannt einen spannenden Krimi im Fernsehen. Vor lauter Aufregung nimmt sie ihre Katze in den Arm und beginnt sie an ihrer empfindlichsten Stelle, am Bauch, zu kraulen. Das mag Kitty – wie die meisten Katzen – gar nicht. Sie will weg und versucht sich aus Claudias Armen herauszuwinden. Aber Claudia will Kitty nicht loslassen. Die Nähe der Katze tut bei der Aufregung gut. Mit zunehmender Anspannung werden Kittys Pupillen größer und größer, ihre Ohren drehen sich von vorne immer mehr nach hinten, die Schnurrhaare sind missmutig nach vorne gerichtet. Claudia registriert die Warnzeichen nicht. Und dann beißt Kitty zu. Claudia schreit vor Schmerz und Empörung auf. Kitty ist frei. Mit einem Satz macht sie sich aus dem Staub. Diese Geschichte zeugt nicht von der Falschheit einer Katze, sondern von ihrer Ehrlichkeit. Kitty hat ihre Körpersprache eingesetzt, um Claudia zu warnen, doch diese hat die Warnung übersehen.

Katzen haben eine komplexe Körpersprache. Mit etwas Übung können Sie ihre Stimmung an Körperhaltung und Gesichtsausdruck ablesen:

- »Hallo, hier bin ich.«: Mieze galoppiert freudig auf Sie zu. Ihr Körper ist dabei gestreckt, der Kopf erhoben, und der aufgestellte Schwanz sieht aus wie ein Fragezeichen.

Diese Burmakatze fühlt sich in die Enge getrieben. Ihre gesamte Körpersprache signalisiert: »Halt, sonst greife ich gleich an!«

Mieze hat Hunger. Sie umschmeichelt die Beine ihres Menschen, um sanft auf sich aufmerksam zu machen.

- »Ich bin völlig entspannt.«: Unschwer für jeden von uns zu erkennen – die Katze liegt auf ihrem Lieblingsplatz, alle viere von sich gestreckt, und die Augen sind halb geschlossen.
- »Mir gehört die Welt.«: Mit erhobenem Kopf schreitet Ihr vierbeiniger Liebling durchs Zimmer, der Schwanz hängt locker herunter, nur das Ende ist leicht aufgebogen.
- »Ich bin gut gelaunt und voller Tatendrang.«: Mieze sitzt aufrecht auf ihren Hinterkeulen, die Vorderpfoten stehen dicht nebeneinander, und den Schwanz hat sie um sich herumgeringelt.
- »Ich bin schlecht gelaunt.« Oder: »Ich bin beunruhigt.«: Die Katze kauert auf ihrem Platz, die Vorderbeine sind eng unter die Brust gestellt. In dieser Haltung ist sie jederzeit bereit, wegzulaufen oder die Krallenpfote hervorschnellen zu lassen, wenn ihr jemand ungebeten zu nahe kommt.
- »Ich weiß nicht, was ich tun soll.«: Der kleine Tiger leckt sich unentschlossen über die Nase, die Schwanzspitze wedelt hin und her. Das Tier befindet sich in einem Konflikt. Dieses Verhalten wird auch Übersprungshandlung genannt.
- »Ich habe Angst.«: Die Katze kauert am Boden oder drückt sich in eine Ecke, der Schwanz ist eingezogen. Auch diese Körperhaltung drückt Angst und Unsicherheit aus: Das Tier steht entfernt von Ihnen, die Vorderbeine sind zurückgesetzt, die Hinterbeine eingeknickt.
- »Mir geht's gar nicht gut.«: Die Katze kauert in einer Ecke, oder sie verkriecht sich. Die Pfoten sind unter den Körper gezogen, der Schwanz liegt eng am Körper an. Oft sind die Augen halb geschlossen, und das dritte Augenlid (die Nickhaut) ist sichtbar.
- »Du bist ungerecht.«: Die »beleidigte« Katze sitzt von uns abgewandt und zeigt uns die kalte Schulter. Oft macht sie sich dann für den Rest des Tages unsichtbar.

NEUES AUS DER KATZENWELT: **LAUTREPERTOIRE**

- Hauskatzen verfügen über das größte Lautrepertoire aller Lebewesen – mit Ausnahme des Menschen. Zu diesem Schluss kamen amerikanische Wissenschaftler nach dem Auswerten zahlreicher Tonbandaufnahmen.
- Aus verschiedenen Grundlauten können die kleinen Tiger unterschiedlichste Zwischentöne bilden und so ihre Sprache individuell abwandeln.
- Um sprechen zu lernen, brauchen die Samtpfoten im Gegensatz zu uns keine Rückmeldung des Gehörs. Auch Katzen, die taub sind, haben das gleiche Lautrepertoire wie ihre hörenden Artgenossen.

Der eindringliche Blick in die Augen des Menschen bringt leider nicht den gewünschten Erfolg.

Das Aufrichten am Hosenbein und forderndes Miauen muss aber doch endlich wirken.

Alles hat nichts gebracht. Mieze wird langsam sauer und kratzt nun energisch an der Hose.

- »Hier ist etwas Aufregendes.«: Der Körper ist gespannt, der Schwanz zuckt, Ohren und Schnurrhaare sind nach vorne gerichtet, die Pupillen erweitert. Mieze lauert.
- »Fang mich doch.«: Ihr kleiner Tiger galoppiert auf steifen Beinen und mit erhobenem Schwanz vor Ihnen her. Er hat nur eines im Sinn: Er möchte Sie zum Hinterherlaufen animieren.
- »Ich mag dich.«: Die Katze reibt ihre Wangen, den Nacken oder die Flanken an Ihnen. Sie versieht Sie dabei mit ihrem Duft, um das Zusammengehörigkeitsgefühl zu festigen. Zuneigung zeigen auch: Gesicht und Hände des Menschen lecken, Pfote auflegen und Köpfchen geben.
- »Ich möchte mit dir spielen.«: Die Katze rollt sich vor Ihnen zur Seite oder auf den Rücken. Aber auch eine rollige Kätzin zeigt diese Verhaltensweise.

Wenn zwei und mehr Katzen bei Ihnen leben, ist es wichtig zu wissen, wie sie zueinander stehen oder was beide gerade bewegt:

- »Du bist mein bester Freund.«: Die Katzen geben sich Köpfchen oder reiben sich aneinander, um ihren Duft auszutauschen (→ Seite 116).
- »Komm mir bloß nicht zu nahe.«: Zum gesträubten Fell und zornigen Fauchen macht Mieze einen Buckel, stellt den aufgeplusterten Schwanz in einem Bogen vom Körper ab und zeigt ihre Breitseite. Allein dieses Imponiergehabe bringt meist schon den gewünschten Erfolg.
- »Bitte, putz mich.«: Die Katze hält ihren Kopf und ihr Gesicht ihrem Artgenossen hin, damit er sie putzt. Das fördert die Bindung zueinander.
- »Du bist mir sehr vertraut.«: Wenn die beiden nebeneinanderstehen, legt die eine der anderen den Schwanz über den Rücken.

TIPPS & TRICKS

Langhaarige Katzen haben es nicht leicht. Wer seine Liebe etwa an eine Perserkatze verloren hat, muss noch genauer auf deren Körpersignale achten. Ihr langes Fell und die kurzen, seitlich sitzenden Ohren sprechen keine deutliche Sprache.

Lernen: Katzen sind clevere Kerlchen

Kater Valentin dreht mit der Pfote den Wasserhahn auf, wenn er trinken will oder mit den Tropfen spielen möchte. Leider hat er noch nicht gelernt, den Hahn wieder zuzudrehen. Crazy, der verrückte Siamkater, öffnet jede Tür, indem er einfach auf die Klinke springt. Pussi kann die Toilettenspülung betätigen, und Minni hat einen Weg gefunden, die Kühlschranktür zu öffnen und sich an der leckeren Putenbrust zu bedienen.

Katzen lernen durch Abschauen. Sie beobachten genau und machen es nach. Tüchtig geübt wird bereits von Kindesbeinen an. Alles, was Mama ihnen vormacht, verfolgen die Katzenkinder mit Argusaugen, und sie versuchen es ihrer Mutter gleichzutun.
Mama zeigt ihnen zum Beispiel den Umgang mit der Beute, die Benutzung der Katzenklappe oder wie man erfolgreich am Tisch bettelt. Leben die Samtpfoten eng mit uns zusammen, dann fungieren wir ebenfalls als Vorbild. Und so wird vielleicht das Öffnen des Schranks ein Kinderspiel für Ihren Wohnungstiger. Also aufgepasst!

GUTE UND SCHLECHTE ERFAHRUNGEN

Katzen lernen jedoch nicht nur durch Abschauen, sondern vor allem durch positive und negative Erfahrungen. Das können Sie sich bei der Erziehung Ihrer Katze zunutze machen (→ Seite 119). Wenn Mieze mal wieder auf die Zimmerpalme klettert und sie während ihrer Kletterpartie unmittelbar ein Strahl aus der Wasserpistole trifft, löst das einen gewaltigen Schreck bei ihr aus – zumindest bei den zarter besaiteten Katzenwesen. Achten Sie aber darauf, dass die Katze die »Dusche« nicht mit Ihnen in Verbindung bringt. Der Wasserstrahl muss für sie sozusagen aus dem »Off«

Katzenmütter kümmern sich rührend um ihren Nachwuchs. Von ihrer Mutter lernen Katzenkinder alles, was fürs eigenständige Leben wichtig ist.

Mama ist die Beste. Liebevoll leckt die Kätzin ihrem Sprössling über den Kopf. Das Kleine genießt den intensiven Kontakt sichtlich.

kommen. War diese Erfahrung unangenehm genug, wird die Katze in Zukunft Ihre Palme in Ruhe lassen. Das Gleiche gilt natürlich auch für positive Erfahrungen, die gern wiederholt werden – besonders dann, wenn sie mit einem Leckerli verbunden sind.

WIE INTELLIGENT SIND KATZEN?

Der Freiburger Verhaltensforscher Dr. Immanuel Birmelin kann diese Frage beantworten. Er und sein Team haben nachgewiesen:

- Katzen können denken. Dabei ist dem Forscher ein lustiger Test von einer Katze, die ihr Frauchen übertölpelte, im Gedächtnis geblieben: Vor der geschlossenen Glastür saß der Hund. Hinter der Tür saß die Katze vor ihrem Futternapf, dessen Inhalt nicht ganz frisch war. Geschickt sprang der Stubentiger auf die Türklinke und ließ den Hund herein. Der stürzte sich gierig auf das Katzenfutter. Jetzt lief die Katze schnurstracks zu Frauchen und beschwerte sich laut miauend über den leeren Napf. Natürlich gab es sofort Nachschub – diesmal aber frisch.
- Katzen können zählen und Mengen erfassen. Das bewiesen die Forscher folgendermaßen:

Vor der kätzischen Testperson stehen vier Näpfe, die mit Deckeln aus Pappe abgedeckt sind. Auf der Pappe sind jeweils ein, zwei, drei und vier große Punkte aufgemalt. Einer der Forscher klopft nun viermal mit einem Stößel gegen ein Glas. Die Katze wirkt konzentriert, aber auch ein wenig unsicher. Dann ist alles klar. Sie läuft zielstrebig zu dem Deckel mit den vier Punkten und holt sich ihr verdientes Leckerli. Hier hat Mieze eine tolle Denkleistung vollbracht: Sie musste zunächst die Anzahl der Töne registrieren und sie dann mit den Symbolen auf dem Pappdeckel verbinden. Die meisten Katzen konnten bis vier zählen, Kater Harry brachte es sogar auf neun.

- Katzen haben ein physikalisches Verständnis. Sie erkennen zum Beispiel, ebenso wie wir, dass ein Stein fest auf dem Boden liegt. Rollt er aber, muss ihn jemand bewegt haben.
- Katzen sind auch in der Lage, die kürzeste Strecke von A nach B zu berechnen.

KATZEN FINDEN LÖSUNGEN

Wie schlau die kleinen Stubentiger sind, können wir täglich selbst im Zusammenleben mit ihnen feststellen. Gibt es einmal ein Problem in der Kommunikation, wird Mieze schon eine Lösung finden, so wie Fanny. Als sie begriff, dass Frauchen ihr Maunzen auf dem Balkon bei geschlossener Tür nicht hören konnte, kratzte sie an die Glasscheibe. Und schon öffnete sich das Tor ins warme Paradies.

Ein Gesicht, das viel verrät

Katzen untereinander erkennen schon von Weitem, wie ein Artgenosse drauf ist. Schon allein seine Körperhaltung spricht Bände. Beim Näherkommen werden die Informationen weiter verfeinert. Jetzt ist auch der Gesichtsausdruck erkennbar: Größe und Form der Pupillen, ebenso die Stellung der Ohren und der Schnurrhaare. Wer seine Katze genau beobachtet, kann schon bald ihre Stimmung in deren Gesicht ablesen.

Entspannt und zufrieden Wenn es Ihrem Stubentiger gut geht, ist das Katzengesicht entspannt. Die Ohren sind nach vorne gerichtet, der Blick ist offen, die Schnurrhaare zeigen Normalstellung. Langsam überfällt ihn meist die Schläfrigkeit, und er schließt die Augen.

Gespannte Aufmerksamkeit Die Ohren sind gespitzt und nach vorne gerichtet, die Augen weit geöffnet, die Schnurrhaare wie ein Fächer gespreizt. Lockt hier vielleicht ein Spielchen mit dem geliebten Menschen?

Ängstlich aggressiv Die Katze steht im Konflikt zwischen Angst und Aggression. Die Ohren sind eng an den Kopf gelegt. Stark erweiterte Pupillen zeigen ihre große Erregung. Das Gesicht ist verzerrt, und sie faucht: »Keinen Schritt weiter, oder ich muss dir die Krallen zeigen.«

TIPPS & TRICKS

Eine wütende Katze versteht keinen Spaß, auch wenn sie dabei selbst große Angst hat. Versuchen Sie jetzt keinesfalls, sie durch Streicheln zu beruhigen oder gar zu packen. Lassen Sie das Tier am besten völlig In Ruhe.

Gespannt und ganz Ohr. Vielleicht ist nach den sanften Streicheleinheiten noch ein gemeinsames Spielchen für Mieze drin.

- **Abwehrbereit aggressiv** Sie ist selbstbewusst und fürchtet sich nicht vor dem Gegner. Ihre Ohren hat sie aufrecht nach hinten gedreht, sodass der »Feind« die Rückseite ihrer Ohrmuschel sieht. Ihre Pupillen sind zu schmalen Schlitzen verengt. Sie starrt ihren Gegner unverwandt an, was in Katzenkreisen als Bedrohung gilt.
- **Ängstlich oder sauer** Die Ohren sind seitwärts schräg nach hinten geklappt, das Gesicht legt sich in Unmutsfalten, die Schnurrhaare zeigen missmutig nach vorne, die Lippen sind leicht zurückgezogen.
- **Verzückt** Als »Flehmen« wird folgende Mimik der Katze bezeichnet: Mit leicht geöffnetem Mäulchen, gekräuselter Nase und entrücktem Blick scheint Mieze in anderen Regionen zu schweben. Verantwortlich dafür ist das Jacobson'sche Organ, das im Gaumendach liegt und seine Geruchsinformationen über die Zunge erhält. Mit Flehmen reagiert zum Beispiel der Kater auf die Sexuallockstoffe einer rolligen Kätzin. Aber auch andere starke Gerüche, wie etwa der Fettgeruch von Fleisch, der in der Luft liegt, können diesen Gesichtsausdruck auslösen.

Den berühmten Buckel machen Katzen, um imposanter zu erscheinen. Hier ist es jedoch eher eine Streckübung nach dem Schlaf.

Gespräche mit einer Katze

Katzen werden sicher nie unsere Sprache sprechen und wir nicht die ihre. Doch wer sich mag, findet immer einen Weg der Verständigung. Die kleinen Schlaumeier im Pelzkleid haben jedenfalls die Jahrtausende, die sie mit uns zusammenleben, genutzt. Sie haben gelernt, uns ihre Wünsche und Befindlichkeiten in verschiedenen Lauten, ja sogar eigens für uns kreierten »Wortschöpfungen« mitzuteilen. Manche Katzen wie die Siamesen und andere Orientalen führen gar lange Gespräche mit ihren Menschen – philosophischer Art, wie man häufig von ihren Besitzern hört. Und es gibt die eher ruhigen Vertreter, zu denen Perser und Britisch Kurzhaar zählen.

Miau – mehr als nur ein Wort Katze und »Miau« gehören für uns untrennbar zusammen. Eigentlich ist es ein Hilferuf der Katzenkinder gegenüber ihrer Mutter. »Mama, ich habe Hunger!«, »Mama, ich habe mich verlaufen!«, »Mama, ich habe Angst!«. Die fürsorgliche Katzenmutter eilt herbei und schafft das Problem aus der Welt. Unter erwachsenen Katzen kommt dieser Ruf nicht mehr vor, aber weiterhin im Zusammenleben mit uns. Hauskatzen fühlen sich bei uns sicher und geborgen – ebenso wie früher bei Mama. Sie erkennen uns als »Mama Oberkatze« an. Unsere Gesellschaft ist ihnen oft mehr wert als der Kontakt zu Artgenossen. Ihren Miau-Ruf wenden Sie uns gegenüber lebenslang an. Er kann mehr als 16 verschiedene Bedeutungen haben. Welche, das wird Ihnen Ihre Katze schnell beibringen. Dazu einige Beispiele von Mimi. Ihre Forderung klingt so:

»Ich kann mich auch alleine beschäftigen.«

»Miiiau«. Die freundliche Begrüßung heißt »Me«. »Mi« heißt: Ich bin empört. Mit einem lang gezogenen »Maaa« fordert Mimi ihr Frauchen zum Spiel auf. In welchem Tonfall die Laute hervorgebracht werden, hängt von der Situation und Ihrer Reaktion ab. Vom Kasernenton bis zum schmeichelnden »Bitte, tu's für mich« ist bei den Samtpfoten alles drin.

Schnurren Felix sitzt auf meinem Schoß und schnurrt. Wenn ich meine Finger sanft an seine Kehle lege, kann ich den Laut fühlen. Nach einem aufreibenden Tag beruhigt mich das Schnurren ungemein. Für die Katze selbst hat dieser Laut verschiedene Bedeutungen. Zum einen drückt er Wohlbefinden aus. Das Katzenbaby signalisiert seiner Mutter: »Mir geht es gut.« Und Mama schnurrt zurück: »Dann ist ja alles gut.« Selbstbewusste Katzen schnurren, wenn sie befreundete ängstliche Artgenossen treffen. Geschnurrt wird aber auch bei Schmerz und Beschwichtigungsversuchen von Katzen, die unsicher und ängstlich sind oder sich bedroht fühlen.

Gurren Befreundete Katzen begrüßen sich mit einem leisen Gurren, das verschieden moduliert werden kann. Das kehlige Gurren der Katzenmutter

EXPERTIN KATZE

WAS WIR BEI KATZEN OFT NICHT VERSTEHEN

Baghira und Balu antworten auf die Fragen.

Warum lasst ihr Katzen euch nicht auf später vertrösten?

Eure Versprechungen kennen wir: »Wenn ich mit der Arbeit fertig bin, dann spielen wir zusammen.« Oder: »Morgen nehme ich mir wirklich Zeit für dich.« Das versteht keine Katze. Wir wollen jetzt die ungeteilte Aufmerksamkeit unserer Menschen. Mit euren abstrakten Zeitbegriffen können wir Katzen rein gar nichts anfangen.

Warum versteht ihr keinen Spaß?

Darauf muss ich erst einmal mit einer Gegenfrage antworten: Was versteht ihr Menschen denn unter Spaß? Letztens haben die Kinder »Tiger« gespielt. Sie sind wild fauchend auf Balu zugelaufen. Er hat sich so erschreckt, dass er den Rest des Tages unter dem Schrank verschwand. Die Kinder haben sich halb totgelacht. Doch wir Katzen können euer Lachen nicht als »War doch nur Spaß!« interpretieren.

Können Katzen Gedanken lesen?

Schön wär's. Ich gebe zu, manchmal könnte man das tatsächlich glauben. Zum Beispiel, wenn Frank noch gemütlich im Sessel sitzt und denkt: »Es ist Zeit, Baghira und Balu zu füttern.« Dann rennen wir beide schon mal voraus in die Küche. Natürlich konnten wir nicht Franks Gedanken lesen. Doch wir sind hervorragende Beobachter. Er hat auf die Uhr geschaut, seinen Rücken leicht gestrafft, und schon mussten wir nur eins und eins zusammenzählen: Gleich gibt's Futter.

»Hallo, wo bin ich?« Die Katze weiß ganz genau, dass ihr Mensch sie beobachtet.

»Schau mal, hier bin ich.« Mieze setzt sich wirkungsvoll in Szene und kokettiert.

»Na, wie wär's mit einem kleinen Spielchen zu zweit? Kann ich dich dazu verführen?«

klingt lockend und verführerisch, wenn sie ihre Kinderschar zu sich ruft. Eine rollige Kätzin verspricht mit diesem Laut dem Kater Liebesfreuden.
Maunzen »Bekomme ich bitte noch ein Leckerli?« Oder: »Ich will raus, öffnet mir jetzt endlich mal jemand die Balkontür.« Das Maunzen wird uns gegenüber zum Betteln und für Beschwerden eingesetzt.
Schnattern Wenn Mieze durchs Fenster draußen eine unerreichbare Beute sieht, fängt sie an zu schnattern oder zu meckern (→ Seite 60).
Schnaufen Das vernehmliche Ausatmen durch die Nase lässt sich als eine Art Warnung interpretieren. Mieze passt das, was Sie gerade tun, nicht.
Fauchen Wenn sie sich bedroht fühlt, Angst hat oder ärgerlich ist, stößt die Katze ein scharfes, stimmloses Fauchen aus.
Spucken Der kurze Fauchton beginnt mit einem harten »K« und hört sich fast wie ein Knall an. Diesen Ton stößt die Katze vor allem dann aus, wenn sie sich heftig erschreckt hat oder einen Gegner stark beeindrucken will.
Kreischen Ein hoher, heller Laut, der Panik ausdrückt, etwa wenn sich die Katze in die Enge getrieben fühlt und keine Fluchtmöglichkeit sieht.

Duftnoten, die Bände sprechen

Katzen können sich mit ihresgleichen über Gerüche verständigen. Uns bleibt diese Art der Kommunikation jedoch weitestgehend verschlossen, denn Katzen riechen um ein Vielfaches besser als wir (→ Seite 17). Die kleinen Tiger haben an verschiedenen Körperstellen Hautdrüsen, die Duftsekrete absondern. Solche Drüsen sitzen an Kinn und Wangen, an den Pfoten, zwischen den Zehen und den Ballen, an den Flanken und an der Oberseite des Schwanzes. Darüber hinaus werden auch Urin und Kot mit einer eigenen Duftnote versehen. Die verschiedenen Düfte, auch Pheromone genannt (→ Seite 132), erfüllen mehrere Aufgaben:

- Sie sind für die Reviermarkierung wichtig. So werden beispielsweise Nutzungsrechte festgelegt, wenn gleiche Wege benutzt werden müssen.
- Sie enthalten persönliche Informationen über den Absender wie etwa: Bin im besten Alter, männlich und suche eine Braut. Auch der soziale Status und vielleicht sogar die momentane Gefühlslage ist für Artgenossen aus den duftenden Botschaften zu entnehmen.
- Bestimmte Pheromone dienen der eigenen Beruhigung. Wer sich mit seinem persönlichen Parfüm umgibt, schafft sich ein Wohlfühlambiente.

Voll bei der Sache. Mit gespitzten Ohren, nach vorne gestellten Schnurrhaaren und vor Erregung geweiteten Pupillen versucht die Katze, den Falter zu fangen.

Was die duftenden Botschaften mitteilen

Katzenkot und -urin können selbst wir riechen. Für uns stinkt beides gen Himmel – mehr sagen uns die kätzischen Hinterlassenschaften nicht. Anders innerhalb der Katzengesellschaft: Die individuellen Gerüche der Ausscheidungen geben Aufschluss über die Rangordnung des Einzelnen und verbreiten aktuelle Meldungen zu seiner »Person«. Draußen hinterlassen dominante Katzen ihre Kothäufchen offen an ihren Wegstrecken. Untergeordnete Katzen vergraben sie sorgfältig, um keinen stärkeren Artgenossen durch den Geruch auf sich aufmerksam zu machen. Wenn also Ihr Wohnungstiger sein großes Geschäft im Katzenklo verbuddelt, zeigt er damit, dass er Sie oder seine Mitkatze(n) als ranghöher akzeptiert. Katzen markieren aber häufiger mit Harn als mit Kot. Unkastrierte Kater versprühen Harn an markanten Stellen ihres Reviers. Auch Kätzinnen markieren mit Urin, jedoch seltener. Das Duftbild gibt Artgenossen eine Beschreibung des Absenders: welches Geschlecht er hat, wie stark er ist und wann er hier war.

Kratzorgien mit Showeffekt Dabei bekommen nicht nur die Krallen einen neuen Schliff, sondern es werden gleichzeitig Mitteilungen an Artgenossen »gesendet« (→ Seite 16).

Wohlfühlambiente Wohnungskatzen reiben ihren Kopf, ihr Kinn, die Wangen und ihren Körper an Kanten und Türstöcken, Menschen, befreundeten Katzen und sogar Hunden. Diesmal verteilt Mieze ihren Duft in eigener Sache. So schafft sie sich eine vertraute Umgebung und versieht »lebende Objekte« mit einem Gruppengeruch. Umgekehrt nimmt aber auch sie Gerüche auf, zum Beispiel den Geruch Ihrer streichelnden Hände. Anschließend putzt sie sich und verteilt so Ihren aufgenommenen Geruch auf dem Körper. Der Gemeinschaftsgeruch stärkt die Bindung zueinander.

TEST: Wie gut verstehen Sie Mieze?

Die Katzensprache ist sehr komplex und für uns nicht immer leicht zu deuten. Wie gut kennen Sie sich bereits aus?

	A	B
1. Ihr Stubentiger kommt mit erhobenem Schwanz auf Sie zu: Er begrüßt Sie (A). Er wird gleich angreifen (B).	•	•
2. Mieze leckt Ihre Hände: An Ihren Fingern kleben noch Essensreste (A). Das ist ein Beweis der Zuneigung (B).	•	•
3. Ohren aufgerichtet, Augen weit geöffnet, Schnurrhaare gefächert: Mieze ist sauer (A). Sie ist aufmerksam (B).	•	•
4. Dominante Katzen vergraben ihren Kot (A). Sie lassen ihn gut sichtbar liegen (B).	•	•
5. Katzen schnurren nur dann, wenn sie sich wohlfühlen (A). Sie schnurren auch bei Schmerzen (B).	•	•
6. Erwachsene Katzen miauen nicht mehr (A). Sie rufen durch Miauen Artgenossen zu Hilfe (B).	•	•
7. Leicht geöffnetes Mäulchen, gekräuselte Nase und entruckter Blick. Die Katze flehmt (A). Sie steht unter Drogen (B).	•	•
8. Zwei Katzen stehen nebeneinander. Die eine legt der anderen den Schwanz über den Rücken: Sie betrachtet diese als Besitz (A). Beide sind befreundet (B).	•	•
9. Mieze macht schnatternd auf sich aufmerksam (A). Sie schnattert, wenn sie eine unerreichbare Beute sieht (B).	•	•
10. Die Ohren aufrecht nach hinten gedreht, die Augen zu Schlitzen verengt: Die Katze ist wütend und abwehrbereit (A). Sie wird durch die Sonne geblendet (B).	•	•
11. Das vernehmliche Ausatmen aus der Nase zeigt ihren Unmut (A). Es zeigt ihr Selbstbewusstsein (B).	•	•
12. Die Katze galoppiert mit steifen Beinen vor Ihnen her: Sie nimmt vor Ihnen Reißaus (A). Sie möchte, dass Sie hinterherlaufen (B).	•	•

Auflösung: Frage 1: A, Frage 2: B, Frage 3: B, Frage 4: B, Frage 5: B, Frage 6: A, Frage 7: A, Frage 8: B, Frage 9: B, Frage 10: A, Frage 11: A, Frage 12: B

Und, haben Sie bei allen Fragen mit Ihren Antworten richtig gelegen? Der kleine Test kann natürlich nicht die gesamten Ausdrucksformen und Verhaltensweisen einer Katze abdecken. Doch er gibt Ihnen einen Hinweis darauf, wie gut Sie die Katzensprache schon beherrschen.

Was Menschen und Katzen lernen müssen

Katzen sind eigenwillig, aber auch lern- und anpassungsfähig. Sie schätzen das harmonische Zusammenleben mit uns und gehen durchaus auf unsere Wünsche ein. Wir dürfen nur nichts fordern, das sie nicht erfüllen können.

Das Wesen der Katze respektieren

Katzen lieben die Unabhängigkeit. Obwohl sie sich ihren Menschen oft eng anschließen, bleiben sie sich selbst treu. Sie lassen sich weder zu etwas zwingen noch von uns bestechen. Wenn Mieze keine Lust zum Schmusen hat, geht sie ihre eigenen Wege oder lässt uns ihre Krallen spüren. Ein Leckerli nimmt sie gern, doch dafür leckt sie uns nicht jedes Mal dankbar die Hand. Katzen setzen hartnäckig und unnachgiebig ihre Wünsche durch. Und sie zeigen keinerlei »will to please«, also das Verlangen, uns um jeden Preis zu gefallen, so wie das Hunde tun. Doch gerade wegen ihrer eigenwilligen Art bewundern wir die Samtpfoten. Andererseits möchten wir sie aber auch gern nach unseren Vorstellungen erziehen. Das funktioniert auch bis zu einem gewissen Maß, jedoch nur, wenn wir Rücksicht auf ihre Bedürfnisse, ihr Wesen und ihre Persönlichkeit nehmen.

Natürliche Bedürfnisse Eine Katze muss beispielsweise kratzen (→ Seite 16). Abgewöhnen kann man es ihr nicht. Wenn es keine oder zu wenig Kratzmöglichkeiten für sie in der Wohnung gibt, löst Mieze das Problem allein: An Möbeln, Teppichen und Tapeten kann man auch seine Krallen pflegen ... Hat die Katze jetzt eine Strafe verdient? Natürlich nicht, wenn es keinen stabilen Kratzbaum und Kratzbretter im Umfeld des kleinen Tigers gibt. Ein anderes Beispiel: Katzen klettern und springen gern (→ Seite 227).

Was tut sich denn da gerade Spannendes im Nebenzimmer? Der Sache muss ich doch gleich mal auf den Grund gehen.

Mit einem Satz springt Mieze ins offene Wohnzimmerregal. Dabei hat sie die wertvollen Porzellanfiguren, die dort standen, zerschlagen. Ist die Katze schuld? Nein, denn wer mit einer Katze zusammenlebt, muss auf solche »Stolperfallen« verzichten. Und schon gibt es keinen Grund mehr, sich über den kleinen Stürmer zu ärgern. Erziehungsversuche sind hier fehl am Platz, denn die Katze lebt lediglich ihre natürlichen Bedürfnisse aus.

Persönlichkeit Sie wird geprägt von Erbanlagen und Aufzuchtbedingungen. Obwohl jede Katze einzigartig ist, lässt sich die Katzengesellschaft in bestimmte Charaktertypen einteilen. Da gibt es etwa die ängstlich-scheuen Rehe, die bei jeder Kleinigkeit unter dem Schrank verschwinden oder aber sofort nach dem Motto »Angriff ist die beste Verteidigung« agieren. Solche Katzen brauchen viele positive Erfahrungen von unserer Seite. Strenge Erziehungsmaßnahmen würden erste zarte Vertrauensbande sofort zunichtemachen. Gut sozialisierte Katzen dagegen vertragen durchaus ein konsequentes Erziehungsprogramm. Je nach Typ sind diese Stubentiger freundlich-zurückhaltend bis besonders kontaktfreudig und aktiv, es gibt Schmuser unter ihnen ebenso wie Diven oder kleine Rabauken.

Futter erbetteln. Wenn Sie nachgeben, bestätigen Sie Ihre Katze darin, dass sich die Bettelei für sie lohnt. Das kann enorm nerven.

Kein Mensch in Sicht. Diese Gelegenheit darf man sich nicht entgehen lassen. Vor allem die Gelatine trifft den Katzengeschmack hundertprozentig.

Auf frischer Tat ertappt. Den erhobenen Zeigefinger, verbunden mit einem Zischlaut, begreift der kleine Dieb als Warnung.

Bitte nicht stören Natürlich sollten Sie auch Ihrem kleinen Tiger eine Intimsphäre zugestehen. Ihre Toilettengänge erledigen Katzen am liebsten allein, unbeobachtet und ungestört. Auch beim Fressen und Schlafen möchten die Samtpfoten ihre Ruhe haben.

Den Menschen respektieren

Alle Katzen mit einer guten Kinderstube haben gelernt, sich mit ihren Artgenossen zu arrangieren. Auch wir sind für sie Artgenossen – Superkatzen sozusagen. Mit der richtigen Motivation und dem Einfühlungsvermögen in die Denkweise einer Katze ist es möglich, ihr gewisse Grundregeln für das harmonische Zusammenleben beizubringen. Folgendes Benimmrepertoire sollte Ihre Samtpfote beherrschen:

- Die Katze hört auf ihren Namen und kommt herbei, wenn Sie sie rufen.
- Sie muss lernen, sich Ihrem Tagesrhythmus anzupassen.
- Ihre ungestörte Nachtruhe haben alle Katzen im Haus zu respektieren.
- Mieze verrichtet ihre Geschäfte ausschließlich auf der Katzentoilette.
- Kratzen ist nur am Kletterbaum, an Kratzbrettern oder Kratztonnen erlaubt. Möbel, Teppiche und Tapeten dürfen nicht als Kratzstationen von den Samtpfoten missbraucht werden.
- Vorhänge, Esstisch und Herdplatten sind tabu.
- Ihre Hände und Füße sind keine Beuteobjekte und dürfen nicht von den kleinen Jägern attackiert werden (→ Seite 205).

TIPPS & TRICKS

Auf Handzeichen zu reagieren, lernen Katzen recht schnell. Denn sie beobachten genau. Ist doch toll, wenn Mieze zum Beispiel auf Ihren Schoß springt, ohne dass Sie etwas sagen, sondern lediglich mit der Hand auf Ihr Bein klopfen.

Jeder Tag mit Katze ist voller Überraschungen

»Guten Morgen, hier bin ich«

Pablo weiß genau, wie man sich am frühen Morgen bei seinem Menschen wirkungsvoll in Szene setzt: Er kriecht unter die Tageszeitung und taucht unvermittelt unter der Zeitung auf. Wer sich so nachdrücklich in Erinnerung bringt, für den fällt bestimmt noch ein Rest Pudding mit Sahne vom Tisch ab. Richtig kalkuliert, wie das Foto links eindeutig beweist.

Alle Pflanzen sind zum Knabbern da

Obwohl Pablo immer frisches Katzengras zur Verfügung hat, macht es ihm besonderen Spaß, die teure Palme zu zerlegen. Muss man das als Katzenmensch tolerieren? Nein, auch Katzen kann man durchaus Grenzen setzen. Alle Stubentiger mit guter Kinderstube sind bereit, sich im Zusammenleben mit uns Menschen zu arrangieren. Und dazu gehört es auch, Verbote zu respektieren, wenn es genügend katzengerechte Angebote gibt.

Und ewig plagt die Neugierde

Pablo teilt das Schicksal vieler Wohnungskatzen. Er lebt zwar mit einem Artgenossen zusammen, doch seine Menschen müssen tagsüber arbeiten. Der Kater untersucht in der Wohnung alles, was nicht niet- und nagelfest ist. Die Schublade des Schränkchens zu öffnen und nachzuschauen, was dort Interessantes drinliegt, ist für den Kater das geringste Problem.

Ruhe beim Futtern. Während ihrer Mahlzeiten möchte die Katze nicht gestört werden.

Kleine Tiger richtig lenken

Schon beim Einzug der Katze sollten Sie genau wissen, welche Grundregeln Sie von Ihrem vierbeinigen Liebling erwarten. Spätere Umerziehungsmaßnahmen sind langwierig und nicht immer von Erfolg gekrönt.

Anreize schaffen Katzen lernen vor allem durch gute und schlechte Erfahrungen. Gute werden gern wiederholt, schlechte vermieden (→ Seite 110). Verhält sich Mieze wie gewünscht, gibt es dafür eine Belohnung. Das kann ein besonderer Leckerbissen sein, wie zum Beispiel ein Stückchen gekochte Putenbrust oder ein Happen Käse (→ Seite 144). Je nach Charakter genügen Mieze vielleicht schon Ihre zärtlich lockenden Worte, oder Sie belohnen sie mit einer gemeinsamen Extraspielrunde.

Konsequenz ist alles Einmal erlaubt heißt immer erlaubt. Kein Wohnungstiger versteht, warum heute das Schlafzimmer für ihn verschlossen ist, wenn er bis gestern noch ins Bett durfte, und warum plötzlich nichts mehr für ihn abfällt, wenn die Bettelei am Tisch stets Erfolg hatte. Als Katzenkind durfte Kitty Jagd auf die Knöchel ihrer Menschen machen und hineinbeißen. Jetzt, mit sechs Kilo Lebendgewicht, wird sie unsanft weggestoßen. Vermeintliche Rechte versuchen Katzen mit allen Mitteln durchzusetzen. Dauermiauen und hartnäckiges Scharren an der Tür sind nur zwei Beispiele.

Kurz, prägnant und immer gleich Verwenden Sie immer das gleiche Wort oder einen kurzen Satz, um Mieze zu loben beziehungsweise zu tadeln. Bei einem Lob klingt die Stimme weich: »Brave Minka« oder »Super, Amelie«. Beim Tadeln ist der Tonfall scharf: »Lass das!«, »Nein!« oder »Hör auf!« Lassen Sie den Namen des kleinen Sünders in diesem Fall weg.

Ablenken statt strafen Jegliche Form von Gewalt als Zurechtweisung ist tabu. Durch Schläge, Tritte, sie vom Tisch schubsen, ihr einen Klaps mit der Zeitung verpassen oder Gegenstände nach ihr werfen wird die Katze entweder ängstlich-scheu oder aggressiv. Sie verliert das Vertrauen zu Ihnen, und das lässt sich kaum wieder aufbauen. Katzen vergessen nichts! Setzen Sie besser auf Ablenkung. Wenn Sie mit einem verbalen Tadel allein nichts erreichen, hilft vielleicht der unverhoffte Strahl aus der Wasserpistole. Ihr kleiner Frechdachs bekommt einen Schreck, bringt ihn aber nicht mit Ihnen in Verbindung. Gut so! Aber auch der Verlust von etwas Positivem kann eine Strafe für Mieze darstellen. Wenn sie beispielsweise im Überschwang des Spiels mit Ihnen zu grob wird, brechen Sie das Spiel mit einem scharfen Warnlaut, etwa »Hör auf!«, sofort ab. Geben Sie dem Grobian erst eine Weile später eine zweite Chance. Zu guter Letzt kann auch das völlige Ignorieren der Katze den erwünschten Erfolg bringen. Sie kratzt zum Beispiel

Magen gefüllt, Durst gestillt – jetzt ist ein Nickerchen angesagt. Gönnen Sie Mieze ihren erholsamen Schlaf. Spielen kann man auch später noch.

am Sessel und schaut Sie dabei herausfordernd an? Sie will Ihre Aufmerksamkeit (→ Seite 17). Reagieren Sie jetzt weder mit Schimpfen noch mit Anschauen, sondern verlassen Sie wortlos den Raum. Vereinfacht gesagt, verknüpft Mieze mit Ihrem Verhalten nun: »Kratzen am Sessel lohnt sich nicht, wenn ich dafür keine Aufmerksamkeit bekomme.«

Strafen nach Katzenart Ein Zischlaut, verbunden mit Ihrem erhobenen Zeigefinger, begreift die Katze als Warnung. Erhobene Pfote und Fauchen sind auch in Katzenkreisen unmissverständlich. Ebenso das Anblasen des Gesichts. Es wirkt auf die Katze wie das Anfauchen durch einen verärgerten Artgenossen.

Das richtige Timing Nach einem langen Telefonat haben Sie festgestellt, dass Ihr kleiner Racker inzwischen Ihr Wienerle vom Teller stibitzt hat. Doch der liegt bereits träumend auf dem Sessel. Ihn im Nachhinein für den »Diebstahl« zurechtzuweisen, kann Ihr Stubentiger nicht begreifen. In seinem Kopf entsteht jetzt lediglich die Verbindung: »Ich darf nicht auf dem Sessel liegen.« Mieze muss stets auf frischer Tat ertappt und getadelt werden, damit die richtige Verknüpfung in ihrem Kopf entsteht.

TIPPS & TRICKS

Namenstraining ist wichtig. Sprechen Sie Ihre Katze so oft wie möglich mit Namen an. Sie sollte in Verbindung mit ihrem Namen nur Positives von Ihnen erfahren. Halten Sie anfangs ein Leckerli parat. Bemühen Sie sich um einen zärtlichen, lockenden Tonfall.

Urlaub: Warum Katzen am liebsten zu Hause bleiben

Katzen und wir verbinden mit Reisen etwas völlig Verschiedenes. Wir sind gespannt auf das Neue. Der Umgebungswechsel tut uns gut, und wir freuen uns auf die bevorstehenden Erlebnisse. Die kleinen Tiger dagegen erfassen zunächst nur die Veränderungen. Koffer packen – »Oje, da ist was im Busch.« Transportbox aus dem Keller geholt – »Ich soll eingesperrt werden.« Mensch nervös – »Das hat bisher noch nie etwas Gutes bedeutet.«

Dazu kommt, dass Katzen Gewohnheitstiere sind, die eine feste Struktur in ihrem Revier brauchen – gleich ob draußen in der Natur oder in der Wohnung. In ihrer gewohnten Umgebung fühlen sich die kleinen Tiger sicher. Deshalb schätzen es Wohnungskatzen zum Beispiel überhaupt nicht, wenn ihre Menschen zu denen gehören, die alle acht Wochen die Möbel inklusive Katzenmobiliar umstellen. Andererseits lieben die Samtpfoten jedoch auch die Abwechslung. Neugierig wird beispielsweise der unbekannte Duft geprüft oder das neue Spielzeug genau untersucht und auf Tauglichkeit getestet.

EIN ZUVERLÄSSIGER CATSITTER

Wer nicht gerade vorhat, Monate in seinem Ferienhaus zu verbringen, sollte darauf verzichten, seine Wohnungskatze mit auf Reisen zu nehmen. Schon allein der Transport ist eine Tortur für das Tier. Kümmern Sie sich stattdessen rechtzeitig um einen zuverlässigen Catsitter, der bereit ist, in die Wohnung zu kommen und Ihre erwachsenen Katzen täglich zweimal zu füttern, mit ihnen zu spielen und zu schmusen. Finden sich keine Verwandten, Bekannten oder Nachbarn, bieten professionelle Catsitter ihre Dienste in Zeitungen, Tierzeitschriften, im Internet, in Aushängen beim

Gewöhnen Sie Ihre Katze behutsam an die Transportbox. Legen Sie etwas, das nach Ihnen riecht, in die Box und dazu ein Leckerli.

Da ist was im Busch. Immer wenn die T-Shirts und Hosen ihres Menschen auf dem Bett gestapelt liegen, fährt er weg, und der Catsitter kommt.

Tierarzt oder Supermarkt an. Sie können sich auch an den örtlichen Tierschutzverein wenden. Auch hier hilft man häufig gern bei der Vermittlung von Catsittern beziehungsweise Urlaubsplätzen für Katzen und andere Heimtiere. Natürlich ist es von Vorteil, wenn sich Katzen und Catsitter bereits kennen, bevor das Pflegepersonal seinen Dienst antritt. Geben Sie dem Catsitter genaue Instruktionen und hinterlassen Sie für den Notfall Name, Adresse und Telefonnummer des Tierarztes, Ihre Handynummer und den Impfpass des Tieres. Junge Kätzchen sollten Sie jedoch in den ersten Wochen nach ihrer Ankunft bei Ihnen noch nicht in die Obhut fremder Menschen geben. Stellen Sie sich darauf ein, Ihre Ferien gemeinsam mit dem Katzenkind daheim zu verbringen.

DIE KATZENPENSION

Katzen bleiben zwar am liebsten zu Hause, doch die meisten Wohnungstiger kommen auch in einer gut geführten Katzenpension bestens zurecht. Ob das letztendlich an ihrer Anpassungsfähigkeit liegt, die sie durchaus im Zusammenleben mit uns unter Beweis stellen, oder ob hier vielleicht Interessantes lockt, das es daheim nicht gibt – wie zum Beispiel Artgenossen oder ein Klettergarten –, sei dahingestellt.
Voraussetzung für den Aufenthalt in der Katzenpension ist vor allem ein guter Impfschutz (→ Seite 163).
Bemühen Sie sich frühzeitig um einen Platz für Ihre Katze, denn empfehlenswerte Pensionen sind schnell ausgebucht. Machen Sie sich am besten persönlich (unangemeldet) ein Bild von der Ferienunterkunft Ihrer Stubentiger.
Achten Sie bei Ihrem Besuch auf Folgendes:

- Es ist selbstverständlich, dass nur geimpfte und entwurmte Tiere akzeptiert werden.
- Das Pflegepersonal geht liebevoll mit seinen tierischen Schützlingen um.
- Unterkünfte und Näpfe sind sauber, die Katzenklos in einem einwandfreien Zustand.
- Für jeden Feriengast gibt es eine eigene Toilette.
- Die Katze hat genügend Auslauf und muss nicht etwa den ganzen Tag in einer Box verbringen.
- Es gibt katzengerecht ausgestattete Einzel- und/oder Gemeinschaftsräume.
- Es besteht die Möglichkeit, dass Ihr Stubentiger sein gewohntes Futter erhält.
- Kümmert sich bei medizinischen Notfällen ein Tierarzt um Ihre Katze?

Die Kosten für den Aufenthalt in einer Katzenpension variieren stark – je nach Standort. Die Unterbringungskosten betragen in der Regel zwischen 12 und 30 Euro pro Tag und Katze. Braucht das Tier zum Beispiel ein bestimmtes Futter oder Medikamente, werden oftmals Extragebühren berechnet.

Wenn Katzen Probleme machen

Nicht immer läuft das Zusammenleben mit Wohnungskatzen so harmonisch ab, wie wir es gern hätten. Doch wo liegt die Ursache? Ist die Katze schwierig, bieten wir ihr nicht die richtigen Lebensbedingungen, oder gibt es Kommunikationsprobleme zwischen ihr und uns?

Ärger im Wohnungsrevier

Die meisten Störfälle im Zusammenleben zwischen Katze und Mensch beruhen glücklicherweise auf Missverständnissen und nicht auf ernsten Verhaltensproblemen des Tieres. Was uns stört, gehört oft zum normalen kätzischen Verhalten, das wir aber im Zusammenleben mit den kleinen Tigern nicht dulden wollen. Doch es gibt durchaus ein paar Tricks, um Mieze die aus ihrer Sicht zwar normalen, aber aus unserer Sicht nicht vertretbaren Verhaltensweisen zu vermiesen. Dazu muss es Ihnen lediglich gelingen, sich in Ihren Stubentiger hineinzuversetzen und wie er zu denken. Klingt zunächst einmal schwieriger, als es tatsächlich ist, wie Ihnen die folgenden Beispiele zeigen werden.

Blumentopf in Scherben. Das kann passieren. Befestigen Sie den Topf zum Beispiel mit doppelseitigem Klebeband auf der Fensterbank.

Der gedeckte Tisch – das Paradies auf Erden

Kater Kasimir ist ein Dieb der Meisterklasse. Von A wie Apfeltasche bis Z wie Züricher Geschnetzeltes stibitzt er alles vom Tisch, sobald ihm seine Menschen den Rücken zukehren. Abgesehen davon, dass er immer mehr verfettet und das seiner Gesundheit gar nicht guttut, finden seine Menschen dieses Verhalten langsam unerträglich. Alle Versuche, den Tisch für Kasimir zur Tabuzone zu erklären, scheiterten bisher.

Aus Katzensicht Kasimir ist sich keiner Schuld bewusst. Er hat gelernt, dass er nicht auf den Tisch darf, wenn seine Menschen dort sitzen oder ihn auf frischer Tat beim Stehlen ertappen. Dann wird er mit einem energischen »Runter« verwiesen. Doch wenn sie nicht da sind und er die pure Verführung vor Augen hat, gibt's keinen Tadel. Also darf er sich bedienen.
Aus Menschensicht Kasimir nutzt sofort die Gelegenheit zu stehlen, obwohl er doch genau weiß, dass er das nicht darf. Der Kater tanzt uns gewaltig auf der Nase herum.
Vielleicht eine Lösung Als Katzenhalter gewöhnt man sich am besten gleich daran, nach dem Essen sofort alles vom Tisch zu räumen. Gelegenheit macht nämlich Diebe. Soll der Tisch grundsätzlich tabu für Ihre Katze sein, auch dann, wenn Sie außer Haus sind, müssen Sie die Tabuzone für Mieze unattraktiv machen. Präparieren Sie zum Beispiel eine Sperrholzplatte kreuz und quer mit einigen Streifen doppelseitigem Klebeband und legen Sie sie einige Wochen auf den Tisch, bevor Sie die Wohnung verlassen. Springt Ihr kleiner Tiger hinauf, bleibt er mit den Pfoten kleben – und klebrige Pfoten hassen Katzen.

TIPPS & TRICKS

Zitrusdüfte verabscheuen alle Katzen. Geben Sie einige Tropfen Zitronenaromaöl in Wasser und füllen Sie das Gemisch in eine Blumenspritze. Sprühen Sie damit Gegenstände oder Ihre Zimmerpflanzen ein, um Mieze fernzuhalten.

Der Blumentopf als Abenteuerspielplatz

Schnurri vergreift sich gern an der attraktiven Zimmerpalme, die im Wohnzimmer steht. Es macht der Katze ungeheuren Spaß, in der Erde zu buddeln und diese rund um den Topf auf dem Boden zu verteilen. Und die Blätter werden regelmäßig einem Geschmackstest unterzogen.
Aus Katzensicht Was soll man tun, wenn man oft allein ist und sein kleines Wohnungsrevier in- und auswendig kennt? Das Buddeln in der lockeren Blumentopferde und die Pflanze bringen Abwechslung in den Alltag.
Aus Menschensicht Schnurri hat alles, was sie braucht: Spielzeug, ein Körbchen, ein Klo und Trockenfutter zur freien Verfügung (→ Seite 149).
Vielleicht eine Lösung Langeweile ist eines der größten Probleme für Wohnungskatzen. Um die Zeit totzuschlagen, lassen sich die Miezen allerlei einfallen. Um Ihre Palme zu schützen, haben Sie folgende Möglichkeiten: Legen Sie schwere Steine auf die Blumenerde, sodass die Katze nicht an die Erde herankommt. Man kann die Erde auch mit einer alten Nylonstrumpfhose schützen. Dazu ein Strumpfhosenbein abschneiden und den Topf hineinstellen. Ist der Topf groß genug, reicht es, die dehnbare Strumpfhose in der entsprechenden Höhe abzuschneiden. Sie legt sich dann – ohne dass man sie oben zubinden muss – eng an den Stamm der Pflanze. Stellen Sie den Topf dann in einen schweren Übertopf. Kommt die Katze mit der Strumpfhose in Berührung, bleibt sie mit den Krallen hängen. Das verleidet Katzen den Spaß. Betupfen Sie die Blattunterseiten der Palme zum Bei-

Am Sessel kratzen, das darf nicht sein. Vermiesen Sie Mieze die Tour, indem Sie den Sessel vorübergehend mit einem netzartigen Stoff verhängen.

An der Sisalsäule darf gekratzt werden. Hier bleibt man auch nicht mit den Krallen hängen wie an dem inzwischen mit Tüll verkleideten Sessel.

spiel mit Chiliöl oder Chilipaste (Sambal Oelek). Beißt Mieze hinein, vergeht ihr die Lust auf Palmblätter. Denken Sie aber daran, dass Katzen Grünpflanzen brauchen, um verschluckte Fellhaare zu erbrechen (→ Seite 147).

Der Neue in unserem Leben

Kater Thommy kann Frauchens neuen Freund nicht ausstehen. Sobald der in der Wohnung auftaucht, verzieht sich Thommy unter den Schrank im Flur und taucht stundenlang ab. Als der Neue ihn mit einem Leckerli unter dem Schrank hervorlocken wollte, biss der Kater ihn kräftig in die Hand.

Aus Katzensicht Diese aufdringliche Person hat Thommys heile Welt durcheinandergebracht. Die gemeinsamen Rituale mit Frauchen fallen immer öfter aus. Und zum Schmusen hat sie auch kaum noch Zeit.

Aus Menschensicht Für Thommy hat sich doch nichts verändert – im Gegenteil, der neue Freund bemüht sich um dessen Anerkennung. Der Kater bekommt pünktlich sein Futter, und er wird genauso geliebt wie vorher.

Vielleicht eine Lösung Katzen brauchen Zeit, um sich an Veränderungen zu gewöhnen. Ein neuer Mitbewohner sollte langsam Freundschaft schließen und der Katze die ersten Annäherungsversuche überlassen. Anfangs erhöhen kleine Gastgeschenke wie etwa ein Minzemäuschen bei den meisten Katzen die Akzeptanz. Bei seinen Besuchen darf der Neue das Angenehme im Katzenleben übernehmen, zum Beispiel den Futternapf füllen. Hilfreich ist auch, ein getragenes Kleidungsstück zu hinterlassen, sodass sich Mieze an den Geruch der betreffenden Person gewöhnen kann.

Patchwork-Family: Meine Katze, deine Katze, unsere Katzen ...

Die Patchwork-Family ist heute gang und gäbe. Jeder der Partner bringt vielleicht ein oder mehrere Kinder aus früheren Beziehungen mit in die neue Wohngemeinschaft und möglicherweise auch seine Katze(n). So wie es für Menschen oft problematisch ist, sich aneinander zu gewöhnen, tun sich auch die Stubentiger damit schwer. Deshalb ist es wichtig, einige Regeln bei der Zusammengewöhnung einander fremder Katzen zu beachten.

Es gibt zwar kein Patentrezept für eine erfolgreiche Zusammenführung von Katzen, doch folgende Tipps können die Eingewöhnung (→ Seite 98) erleichtern. Grundsätzlich sollten beide Katzen kastriert sein, denn sowohl Kater als auch Kätzin verhalten sich dann toleranter gegenüber der Konkurrenz.

GETRENNT VON »TISCH UND BETT«

Bringen Sie die Tiere eine Zeit lang in getrennten Zimmern unter. Tauschen Sie die »Einwohner« in ihren separaten Räumlichkeiten. So kann die eine Katze schon einmal den Geruch der anderen aufnehmen.

ICH KANN DICH RIECHEN

Hilfreich ist in vielen Fällen das Abreiben des Tieres mit einem Tuch, besonders dort, wo Duftdrüsen sitzen – nämlich an Kinn, Wangen und Flanken. Übertragen Sie den Duft von einer Katze auf die andere, indem Sie sie gegenseitig abreiben. Auch durch einen Toilettentausch können die Katzen den Geruch der anderen aufnehmen. Auf diese Weise gewöhnen sie sich langsam an den jeweiligen Duft. Die Zusammenführung erleichtern kann auch ein synthetisch hergestelltes Pheromonspray, das Sie beim Tierarzt erhalten (→ Seite 116). Befreundete Katzen vermischen ihren eigenen

Hier geht's richtig zur Sache. Die auf dem Boden liegende Katze ist mächtig sauer, wie ihre angelegten Ohren und das böse Fauchen zeigen.

Noch fühlt sich die obere Katze in der besseren Position, doch nicht mehr lange. Die unten liegende verpasst der Artgenossin eine deftige Ohrfeige.

Geruch durch Köpfchenreiben mit dem der anderen. So entsteht ein beruhigender Gruppengeruch. Sprühen Sie nun die Katzen vor ihrer ersten Begegnung mit dem Pheromonspray ein, imitieren Sie einen Gruppengeruch. Die Katzen gehen wesentlich entspannter und offener aufeinander zu. Übrigens entschärft auch die Gabe von Bachblüten (Notfalltropfen »Rescue Remedy«) Stresssituationen.

VORSICHTIGE ZUSAMMENFÜHRUNG

Grundsätzlich sollte die erste Begegnung immer unter Ihrer Aufsicht stattfinden. Wenden Sie vorher folgenden Trick an: Reiben Sie beide Tiere an den Flanken und an der Stirn zum Beispiel mit ein wenig Kalbsleberwurst oder Vitaminpaste ein. Die Katzen werden sofort anfangen, sich selbst zu putzen. Das Pflegeritual beruhigt und lenkt von dem Fremdling ab. Vielleicht haben Sie sogar großes Glück, und die beiden Katzen gehen aufeinander zu, um sich als Gipfel der gelungenen Zusammenführung sogar gegenseitig zu putzen.

GEMEINSAM FÜTTERN

Wenn die Katzen friedlich miteinander umgehen, steht einer ersten gemeinsamen Fütterung nichts mehr im Weg. Stellen Sie die Näpfe anfangs entsprechend weit auseinander. Verlaufen die Mahlzeiten ruhig, schieben Sie die Näpfe nach und nach etwas näher zusammen. Für eine Wohlfühlatmosphäre können übrigens auch hier synthetische Pheromone sorgen, die es als Zerstäuber für die Steckdose gibt. Die Geruchsstoffe sind für unsere Nasen nicht riechbar. Trotz allem müssen Sie sich darauf einstellen, dass solch eine Zusammenführung dauern kann. In manchen Fällen lediglich wenige Tage, in anderen bis zu mehreren Wochen.

MANCHMAL KLAPPT ES NIE

Es gibt Katzen, die sich partout nicht mit einem fremden Artgenossen arrangieren wollen. Ernst zu nehmende Kämpfe und Verfolgungsjagden sind dann an der Tagesordnung. Sympathie lässt sich eben auch bei Katzen nicht erzwingen. Ist solch eine Situation gegeben, sollten Sie für eine der Katzen ein neues Zuhause suchen. Dauerstress macht beide Tiere mit der Zeit krank.

Wenn keiner zum Spielen da ist, muss man sich eben selbst bespaßen. Der volle Papierkorb kommt da gerade recht.

Hilfe – wir ziehen um

Der Verlust ihres Heimes, in dem sie sich sicher und geborgen gefühlt haben, ist für die meisten Katzen die reinste Katastrophe. Sensible Gemüter können verstört reagieren, andere werden unsauber oder aggressiv. Deshalb ist es wichtig, dem Tier den Umzug so leicht wie möglich zu machen.

- Ihre gewohnten Sachen vermitteln der Katze in ihrer neuen Umgebung eine große Portion Sicherheit. Ziehen Sie also zum Beispiel den zerfledderten Kratzbaum erst einmal mit um.
- Dehnen Sie das Packen der Umzugskartons über mehrere Wochen aus. Läuft sonst alles normal für Mieze, sind diese Aktionen ein Abenteuer.
- Am Tag des Umzugs lassen Sie, wenn möglich, ein Zimmer für die Katze bis zum Schluss unberührt, oder quartieren Sie die Katze vorübergehend im Badezimmer mit Körbchen, Lieblingsdecke, Spielzeug, einem von Ihnen getragenen Kleidungsstück, Katzenklo, Futter und Wasser ein.
- In der neuen Wohnung richten Sie noch vor dem Eintreffen der Katze ein Zimmer mit gewohnten Dingen ein, etwa dem Kratzbaum, Schlafplatz etc.
- Jetzt tritt Mieze zusammen mit Ihnen ihre Fahrt in die neue Wohnung an – geschützt in ihrer Transportbox.
- In ihrem neuen Heim wird die Katze in den Raum mit ihren persönlichen Dingen entlassen oder aber zunächst wieder im Badezimmer einquartiert, bis die Möbelpacker das Haus verlassen haben und Ruhe eingekehrt ist.

TIPPS & TRICKS

Einige Pheromone, also Gerüche, die die Katze selbst produziert, können heute synthetisch hergestellt werden, wie etwa das »Wohlfühl-Pheromon«. Es erleichtert dem Tier beispielsweise die Eingliederung in eine neue, ungewohnte Umgebung.

Kleine und große Geschäfte am falschen Platz

Katzen sind von Haus aus reinliche Tiere. Verrichten sie ihre Geschäfte plötzlich nicht mehr im Katzenklo, sondern an anderen Stellen in der Wohnung, ist das Anlass zu ernster Sorge. Ihr Stubentiger hat ein Problem. Häufig betrifft es ängstliche, unsichere Katzen, die mit Veränderungen in ihrem Umfeld nicht zurechtkommen. Keinesfalls darf man eine unsaubere Katze für ihre Taten strafen. Das würde sie nur noch mehr verstören.

Erkrankungen der Harnwege Blasenleiden kommen bei Katzen relativ häufig vor. Lassen Sie diese Krankheit als Ursache für die Unsauberkeit von Ihrem Tierarzt ausschließen. Manche ängstlichen Katzen entwickeln chronische Blasenentzündungen, deren Ursachen psychisch sind.

Ursachenforschung Es ist nicht einfach, hinter Miezes Probleme zu kommen, denn in der Hinsicht sind unserer Kommunikation mit ihr Grenzen gesetzt. Im Folgenden erhalten Sie eine Liste von möglichen Erklärungen für ihre Unsauberkeit, die aber bei Weitem nicht vollständig ist.

- Für die nun erwachsene Katze ist die Toilette aus Kindertagen zu klein geworden. Sie kann nicht mehr darin scharren (→ Seite 35).
- Das Klo ist schmutzig. Katzen sind sehr penibel in Sachen Sauberkeit.
- Die Einstreu wurde gewechselt, und die behagt der Katze überhaupt nicht. Sie erkennen dies daran, dass Mieze nicht mehr in der Einstreu scharrt oder gräbt, sondern so schnell wie möglich das Klo verlässt und anschließend die Pfoten schüttelt.
- Die Katze hat sich erschreckt, als sie gerade auf der Toilette saß, zum Beispiel durch einen Knall oder herabfallenden Gegenstand.
- Mieze hat keine Ruhe bei ihren Toilettengängen.
- Die Katze wird durch eine geschlossene Tür daran gehindert, ihre Toilette aufzusuchen.
- Bei alten Katzen kann Inkontinenz eine Rolle spielen.
- Der Unsauberkeit können natürlich auch psychische Erkrankungen wie zum Beispiel Angstzustände, Panikattacken, Depression, übersteigertes Putzverhalten oder erhöhte Aggression zugrunde liegen.

Vielleicht eine Lösung Säubern Sie verunreinigte Stellen gründlich. Ansonsten wird die Katze durch den Geruch immer wieder dazu verführt, hier ihr Geschäft zu verrichten. Verwenden Sie keine Haushaltsreiniger, die Ammoniak oder Chlor enthalten, denn diese verändern nur den Geruch der Hinterlassenschaften, entfernen ihn aber nicht. Am besten ist ein Enzymreiniger, der die biologischen Bestandteile des Katzenurins nach dem Vorbild der Natur durch Bakterien beseitigt. Überprüfen Sie Miezes Toilettenverhältnisse. Stellen Sie für eine alte Katze mehrere, leicht zugängliche Toiletten auf (→ Seite 174). Bei psychischen Erkrankungen sollten Sie einen Tierarzt für Verhaltenstherapie oder einen Tiertherapeuten zurate ziehen.

Unsauberkeit ist niemals eine Form von Boshaftigkeit. Solche Katzen haben ein ernst zu nehmendes Problem.

Diese ängstliche Katze fühlt sich so in die Enge getrieben, dass sie mit erhobener Pfote zuschlägt. Mit geschlossenen Augen und angelegten Ohren erwartet sie den Gegenschlag.

Wenn die Katzenseele krank ist

Es ist nicht leicht, den psychischen Problemen einer Katze auf die Spur zu kommen. Warum markiert sie zum Beispiel alles mit Harn? Wieso hat sie solch große Angst? Weshalb wird sie so aggressiv? Hier können in der Regel nur verhaltenstherapeutisch geschulte Fachleute helfen.

Harnmarkierung – Miezes Wohlfühlambiente

Markieren mit Harn ist zunächst einmal für eine unkastrierte Katze nichts Ungewöhnliches (→ Seite 116). Dabei spritzt sie mit steif erhobenem, zitterndem Schwanz einen Urinstrahl nach hinten auf das Objekt, das sie mit ihrem Geruch versehen will. Kritisch einzustufen ist dieses Verhalten, wenn die Katze automatisch und wahllos alles in der Wohnung markiert, wie etwa Vorhänge, Türrahmen, Kleidung, Schuhe und sogar den Menschen.

Mangelndes Selbstvertrauen Das übersteigerte Markieren mit Harn ist im Grunde ein Eigenschutz. Dabei werden neue, fremde Gerüche, durch die sich die Katze verunsichert oder gar bedroht fühlt, mit dem eigenen Duft übertüncht. Das vermittelt ihr Sicherheit.

Stressauslöser Doch was löst die Verunsicherung des Tieres in seinem Wohnungsrevier aus? Das herauszufinden ist die Kunst. Die Stressauslöser sind vielfältig – sei es eine gravierende Veränderung ihrer Lebensumstände wie etwa ein Umzug, der Einzug eines neuen menschlichen Mitbewohners oder das Auftauchen einer weiteren Katze.

Selbst ein gründlicher Hausputz kann Auslöser sein, nämlich dann, wenn alle Spuren des Wohlfühlambientes, das sich die Katze selbst geschaffen hat, dem Putzlappen zum Opfer fallen. Gemeint sind damit die schwarzen – für uns geruchlosen – Fettränder an Türstöcken oder Möbelkanten, wo Mieze durch das Reiben von Wange und Kinn ihren Wohlfühlduft hinterlässt (→ Seite 116).

Lösungsansätze Durch eine rechtzeitige Kastration vor der Geschlechtsreife kann das Harnspritzen verhindert werden (→ Seite 169). Vorbeugend sollten Sie Ihre Wohnungskatze mit vielen unterschiedlichen Geruchsinformationen versorgen (→ Seite 209). Das stärkt ihr Selbstbewusstsein. Im Fall eines psychischen Drucks kann der Einsatz des Wohlfühl-Pheromons Feliway® helfen. Die synthetischen Gesichtshormone animieren die Katze, die Markierung an dieser Stelle statt mit Urinspritzen durch Reiben des Kopfes aufzufrischen. Auch eine Behandlung mit Medikamenten ist möglich.

Angst kann viele Gründe haben. Oft handelt es sich um schlecht sozialisierte Katzen oder solche, die keine guten Erfahrungen gemacht haben.

Ein ängstliches Tier sollte man zunächst gar nicht beachten, sondern warten, bis es von selbst kommt. Leckeres Futter kann dazu verführen.

Angriff ist die beste Verteidigung

Es gibt viele verschiedene Gründe, warum sich Katzen aggressiv verhalten:

- Krankheitsbedingte Aggression: Die Katze hat Schmerzen, wenn sie zum Beispiel hochgenommen wird oder vom Tierarzt berührt wird. Sie wehrt sich durch Kratzen und Beißen.
- Angstaggression: Sie fühlt sich durch Menschen, etwa wenn ein Kind auf sie zurennt, oder andere Tiere bedroht.
- Aggression beim Spielen und Jagen: Gelangweilte Wohnungskatzen machen gern Jagd auf die Knöchel oder Füße des Menschen. Es kommt im Eifer des Gefechts zu Kratzern oder gar Bissen.
- Umgerichtete Aggression: Die Katze hat zum Beispiel einen Hund durch das Fenster gesehen, oder sie ist gerade aus einem Albtraum erwacht. Ihre starke Erregung führt zum Angriff auf den Nächstbesten – den Menschen oder den nichts ahnenden Katzenpartner.
- Asoziale Aggression: Schlecht sozialisierte Katzen oder Einzelgänger versuchen mit aggressivem Verhalten ihr Gegenüber auf Distanz zu halten.

Lösungsansätze Unterforderte Wohnungskatzen zeigen nicht selten ein aggressives Verhalten. Sorgen Sie für eine artgerechte Wohnungsausstattung, geeignetes Spielzeug, ausgiebige Spielrunden und interessante Gerüche (→ Seite 211). Leben viele Katzen auf kleinem Raum, kommt es oft zu aggressiven Streitereien und Verfolgungsjagden bis hin zum Mobbing eines oder mehrerer Artgenossen (→ Seite 79). Bei jeder Form der Aggression sollten Sie sich Hilfe bei einem Tierarzt, der auf Verhaltenstherapie spezialisiert ist, oder einem Tiertherapeuten suchen.

Leckeres für Katzenzungen

Sie möchten Ihre Katze gesund und abwechslungsreich ernähren. Doch was heißt das eigentlich im Klartext? Die Diskussionen um BARF, Fertigfutter und Selbstgekochtes schlagen hohe Wellen. Schauen wir uns also die verschiedenen Fütterungsarten einmal genauer an.

Was gesunde Ernährung bieten muss

Man kommt nicht umhin, Mäuse, die Leibspeise der Katze in der Natur, genauer zu analysieren, um zu verstehen, was gesundes Futter für die Stubentiger enthalten muss. Beginnen wir mit dem Mäusefleisch. Es enthält tierisches Eiweiß, Fett und Vitamine. Knochen und Blut der Maus enthalten Mineralien. Der Mageninhalt besteht aus vorverdautem Getreide und Pflanzenteilen, die den Katzenorganismus mit Kohlenhydraten, Fettsäuren und weiteren Mineralien versorgen. Das unverdauliche Mäusefell, die Sehnen und Knochen wirken als Ballaststoffe in Miezes Verdauungstrakt.
Reine Wohnungskatzen treffen allerdings normalerweise selten auf eine Maus. Welche Mäuseersatzkost steht also für die gesunde Ernährung unserer Katzen zur Verfügung?

Mit einem gulaschgroßen Happen rohem Rindfleisch bekommt das Gebiss Arbeit.

Fertigfutter – besser als sein Ruf?

Diese Frage lässt sich leider nicht mit einem eindeutigen »Ja« beantworten. Einerseits gibt es hervorragendes hochwertiges Premiumfertigfutter, das der »Mäusezusammensetzung« perfekt entspricht. Andererseits befindet sich eine Vielzahl von Produkten mit minderwertigen Inhaltsstoffen im Angebot. Die Katze selbst merkt den Unterschied nicht, im Gegenteil, sie bevorzugt oft sogar das minderwertige Futter. Die Erklärung ist einfach: Miezes Geschmackssinn wird geschickt mit Zucker, Karamell, Aroma- und Geschmacksstoffen »übertölpelt«. Viele Krankheiten werden durch eine schlechte Futterqualität oder einseitige Ernährung ausgelöst. Deshalb ist es gut, wenn Sie die Inhaltsangaben auf der Futterpackung deuten können. Hier ein kleiner Leitfaden, der Ihnen helfen soll, sich im Fertigfutterdschungel zurechtzufinden:

Verbotenes schmeckt doppelt so gut. Das bisschen Milch im Eis schadet nicht, auch wenn Laktose von vielen Katzen nicht gut vertragen wird.

Hochwertiges Fertigfutter Es mag Ihnen auf den ersten Blick teuer erscheinen, jedoch bietet es unter dem Strich durchaus wirtschaftliche Vorteile, die Ihnen so vielleicht gar nicht bewusst sind: Die Katze braucht weniger Futter, sie bleibt gesünder, was Tierarztkosten spart, und die Kothäufchen sind kleiner, was wiederum weniger Einstreu bedeutet.

- Je detaillierter die Angaben auf dem Etikett der Dose oder Futterpackung sind, desto durchschaubarer ist der Inhalt.
- Haupteiweißlieferant sollte Muskelfleisch, zum Beispiel von Rind, Lamm, Huhn und Wild, oder Fischfleisch sein. Ein hoher Anteil davon spricht für gutes Qualitätsfutter.
- Der pflanzliche Futteranteil beträgt nicht mehr als 10 Prozent und besteht aus gut verdaulichem Getreide wie etwa Reis und/oder Gemüse.
- Hochwertige Fette sind zum Beispiel Sonnenblumenöl, Rapsöl, Maisöl, Geflügelfette und Fischöl.
- Das Futter enthält viele Vitamine und Mineralien.
- Es sind nur natürliche Konservierungsstoffe wie etwa Vitamin C und E ausgewiesen. Künstliche Stoffe stehen im Verdacht, Krebs auszulösen.
- Achten Sie bei Trockenfutter auf den Wortlaut der Angabe zur entsprechenden Fleischsorte. »Getrocknetes Huhn« oder »Hühnerfleischmehl« mit einer hohen Prozentangabe heißt: Das Fleisch wurde erst getrocknet und dann gewogen und der Futtermischung beigefügt. Diesen Prozentangaben können Sie vertrauen. Lesen Sie aber nur »Hühnerfleisch« mit einer hohen Prozentangabe, heißt das: Das Fleisch wurde vor dem Trocknen gewogen. Danach verringert sich das Fleischgewicht enorm. Der tatsächliche Fleischanteil ist also relativ gering.
- Und noch ein Tipp: Je kleiner die empfohlene Futtermenge auf dem Etikett, desto höher ist die Qualität des Futters. Der Zoofachhandel bietet hochwertiges Premiumfutter an, das ausgewogen ist und alle wichtigen Nährstoffe für eine gesunde Katzenernährung enthält.

Minderwertiges Fertigfutter Je größer die empfohlene Futtermenge ist, desto schlechter ist die Futterqualität.

- Unter der Bezeichnung »Tierische Nebenerzeugnisse« verbergen sich vor allem minderwertige Schlachtabfälle wie beispielsweise Schwarte, Därme, Euter, Hufe, Hörner und Federn.

- Unter dem Sammelbegriff »Pflanzliche Nebenprodukte« verbergen sich kostengünstige Füllstoffe wie Getreideabfälle, Soja, Erdnusshülsen etc.
- Enthält das Futter einen zu hohen pflanzlichen Anteil und damit zu viel Kohlenhydrate, ist es nicht zu empfehlen. Ein hoher Pflanzenanteil begünstigt Nierenleiden, Leberschäden und Harnsteinbildung.

Feucht- oder Trockenfutter füttern?

Vollwertige Katzennahrung muss als »Alleinfutter« ausgewiesen sein, gleich ob Feucht- oder Trockenfutter. Beide Arten haben Vor- und Nachteile.

- Feuchtfutter enthält bis zu 80 Prozent Wasser und versorgt so den Katzenorganismus mit entsprechender Flüssigkeit. Der Wassergehalt von Trockenfutter beträgt dagegen nur 10 Prozent. Also muss die Katze viel trinken, damit es nicht zu Nieren- und Blasenkrankheiten kommt.
- Im Napf verdirbt Feuchtfutter schnell, Trockenfutter dagegen hält länger. Denken Sie jedoch daran, dass auch Trockenfutter an Qualität verliert, je länger es lagert. Am besten ist für die gesunde Ernährung der Katze sowohl Feucht- als auch Trockenfutter im Angebot (→ Seite 146).

TIPPS & TRICKS

Trinkwasser mit einem Schuss Rinder- oder Hühnerbrühe anreichern. Das animiert trinkfaule Katzen, mehr Flüssigkeit zu sich zu nehmen. Auch ein Schuss Milch im Wasser kann Wunder wirken und schadet nicht.

»Stickis« gibt es in verschiedenen Geschmacksrichtungen wie etwa Geflügel oder Rind. Eine Leckerei für ganz besondere Anlässe.

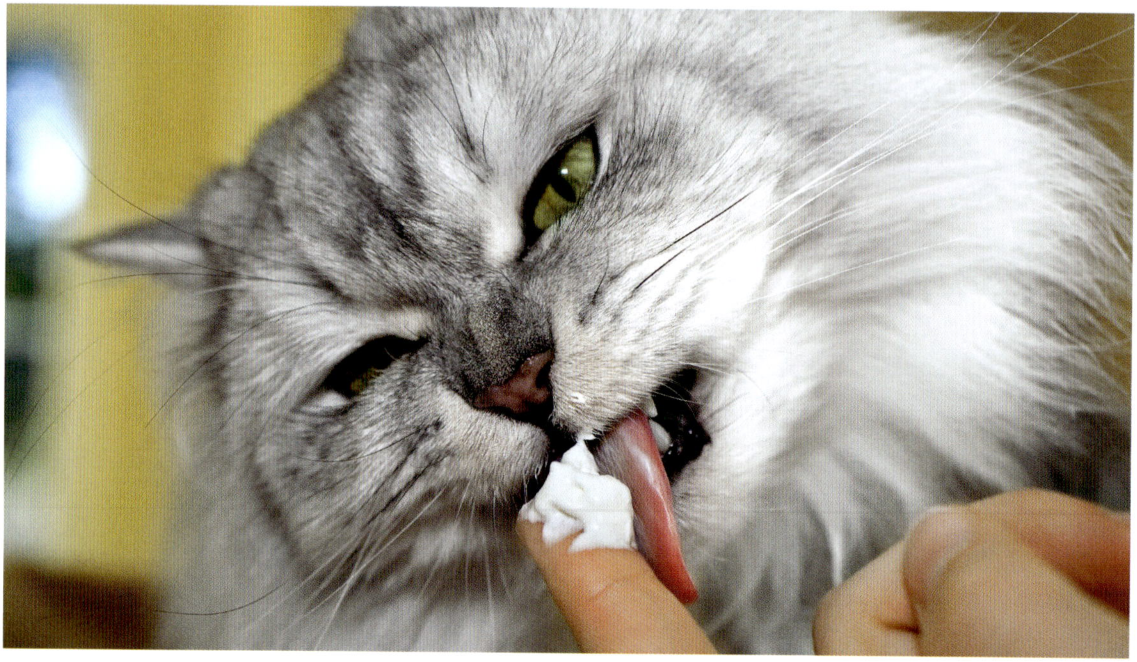

Ein Klecks Sahne ab und zu braucht zwar eine gesund ernährte Mieze nicht unbedingt, doch »kleine Sünden« machen das Leben schöner.

Wie viel und wie oft füttern?

Die Frage, wie viel und wie oft eine Katze gefüttert werden sollte, ist entscheidend für ihre Gesundheit und ihr Wohlbefinden. So sorgen etwa die richtige Fütterungsfrequenz und -menge dafür, dass Ihr flauschiger Liebling genug Energie hat, um seinen Tag zu meistern, und dass gleichzeitig sein Gewicht und seine Verdauung in einem gesunden Gleichgewicht bleiben.

Futtermenge: Wie viel Futter eine Katze täglich braucht, um satt zu werden, lässt sich nicht pauschal sagen. Das ist von Katze zu Katze verschieden und hängt von mehreren Faktoren ab, darunter etwa dem Alter, dem Gewicht, der Kastration oder ob es sich um eine trächtige beziehungsweise säugende Katze handelt. Auch die Aktivität spielt eine Rolle.

Eine bewegungsfreudige Katze hat einen höheren Energiebedarf als ein träger »Couch-Potato«. Als Orientierungshilfe kann Ihnen die Empfehlung für den täglichen Energiebedarf einer normalgewichtigen, rund 4 Kilogramm schweren Katze dienen. Sie braucht etwa 253 Kilokalorien. 100 Gramm hochwertiges Feuchtfutter enthält im Durchschnitt ca. 95 Kilokalorien. Also ist ihr Energiebedarf mit ca. 275 Gramm Feuchtfutter gedeckt. Beachten Sie jedoch bei einer gemischten Fütterung mit Feucht- und Trockenfutter unbedingt, dass das Trockenfutter wesentlich kalorienreicher ist als Nassfutter. Je nach Hersteller hat 100 Gramm Trockenfutter zwischen 300 und 400 Kilokalorien.

Wichtig: Kitten im ersten Lebensjahr sowie trächtige und säugende Katzen benötigen besonders viel Energie. Der Magen eines Kitten kann aber nur sehr wenig Nahrung aufnehmen. Deshalb muss ihnen bis zu einem Alter von fünf bis sechs Monaten mehrmals täglich hochwertiges Juniorfutter angeboten werden. Achten Sie darauf, dass trächtige und säugende Kätzinnen immer ausreichend hochwertiges Futter zur Verfügung steht.

Mahlzeiten: In vielen Katzenhaushalten ist es üblich, der erwachsenen Katze vor allem morgens und abends eine Hauptmahlzeit zu servieren. Dazwischen gibt es nichts, oder aber der Futternapf ist 24 Stunden lang üppig mit Trockenfutter bestückt. Letzteres verführt Wohnungskatzen aus Langeweile nicht selten dazu, viel zu viel zu fressen, was natürlich zu ungesundem Übergewicht führt (→ Seite 148). Meist wird das Futter immer am gleichen Platz serviert. Und mehrere Katzen im Haushalt werden gleichzeitig nebeneinander gefüttert. Doch moderne Studien belegen, dass dies nicht artgerecht ist. Katzen sind Karnivoren, also Fleischfresser. Sie haben einen ausgeprägten Jagdinstinkt und verbringen viel Zeit damit, über den Tag verteilt kleine Tiere zu erbeuten und diese allein zu verspeisen.

Im Durchschnitt fressen Katzen zwischen 5 und 20 kleine Futterportionen über Tag und Nacht verteilt. Oder anders ausgedrückt: Sie haben alle ein bis fünf Stunden ein »Hüngerchen«. Für das Wohlbefinden von Wohnungskatzen ist es daher wichtig, wann, wo und wie wir ihnen Futter anbieten. Empfohlen wird für eine artgerechte Fütterung der erwachsenen Katze, ihr z. B. mindestens fünf kleine Feuchtfutterportionen pro Tag zu kredenzen. Die Portionsgröße sollte in etwa 25 bis 30 Gramm betragen. Auch Feuchtfutter muss nicht immer im Napf an der gleichen Stelle angeboten werden.

Überraschender Nachschlag: Da ist doch prompt ein wenig Sahne auf der Pfote gelandet.

CHECKLISTE

Fünf wichtige Fütterungsregeln

- [ ] Das Futter darf nicht zu kalt sein. Zimmerwarmes oder leicht angewärmtes Futter entfaltet anregende Düfte.
- [ ] Frischfutter, das nach einer Stunde noch im Napf ist, entsorgen und den Napf mit heißem Wasser ausspülen.
- [ ] Feuchtfutterreste und Trockenfutter in Frischhaltedosen packen.
- [ ] Abrupte Futterumstellungen vermeiden. Zunächst kleine Mengen des gewohnten Futters durch das neue ersetzen.
- [ ] Scharf gewürzte Speisen, Süßigkeiten, Alkohol sind für Mieze tabu.

Acht gesunde Leckerbissen

Naturjoghurt

Joghurt vertragen alle Katzen gut, denn er enthält fast keinen Milchzucker (Laktose). Vor allem im Sommer naschen ihn die kleinen Tiger besonders gern. Die meisten Katzen bevorzugen milde Sorten, die Sie zum Beispiel mit ein wenig Thunfisch (im eigenen Saft) oder Kalbsleberwurst anreichern können.

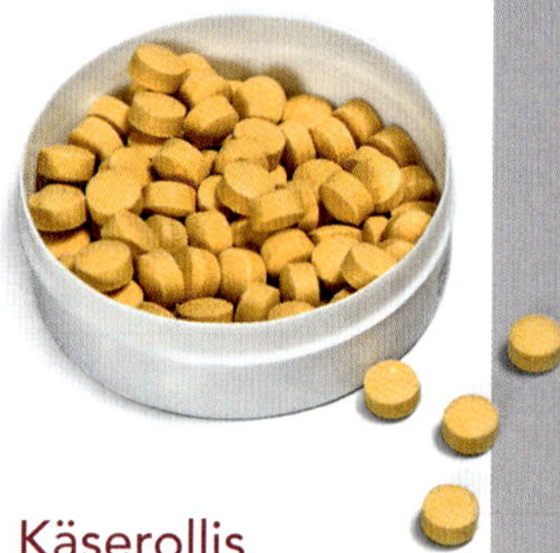

Käserollis

Unsere Katzen finden sie unwiderstehlich, die Leckerli mit Parmesankäse. Wenn sie über den Boden rollen, gehen die Stubentiger mit Begeisterung auf Käsejagd. Doch allzu häufig gibt es die Leckerei nicht, denn zusätzlich zur normalen Futterration sorgen alle Leckereien für überflüssige Pfunde.

Eigelb

Einmal pro Woche darf der Stubentiger ein frisches Eigelb schlecken. Ob er es pur oder über dem Futter verteilt genießt, ist Geschmackssache. Rohes Eiweiß dagegen sollte Mieze gar nicht bekommen. Es enthält ein Protein, das Vitamin H im Darm der Katze bindet. Dieses Vitamin ist jedoch wichtig für Haut und Fell.

Vitaminpaste

Viele Miezen sind ganz versessen darauf, obwohl gesund ernährte Katzen sie eigentlich nicht brauchen. Belohnen Sie Ihren Stubentiger sparsam mit der Vitaminbombe.

Gekochte Putenbrust

Viele Wohnungstiger fahren darauf ab, und deshalb kann die Putenbrust immer als besondere Motivationshilfe eingesetzt werden. Geflügelfleisch niemals roh verfüttern! Die Gefahr einer gefährlichen Salmonelleninfektion ist zu groß.

Trockenfisch

Die naturbelassenen Anchovis (Sardellen) werden nach dem Fang getrocknet. Sie sind eiweißreich und frei von Konservierungsstoffen. Setzen Sie den Snack als Belohnung für besondere Leistungen ein.

Thunfisch im eigenen Saft

Er ist die Verführung pur für so manchen kleinen Tiger und zählt damit ebenfalls zu den ganz besonderen Leckerbissen. Fisch ist allgemein gesund, sollte jedoch nie roh, sondern immer gekocht, gedünstet oder gebraten verfüttert werden.

Hüttenkäse

Sowohl Hüttenkäse als auch Quark sind hochwertige Eiweißtrager und fast laktosefrei. Grobkörnigen Hüttenkäse verteilt Mieze gern rund um ihren Napf. Um größere »Schweinereien« zu vermeiden, können Sie den Käse mit ein wenig Wasser zu einem Brei verrühren.

Probieren Sie doch einfach mal aus, ob Ihr vierbeiniger Liebling Spaß dran hat, sein Futter etwa aus einer sogenannten Schleckmatte zu schlabbern. Das Feuchtfutter wird einfach in die Schleckmatte gestrichen, und die Katze ist so eine Weile beschäftigt. »Schnellfressern« kann damit auch das Schlingen abgewöhnt werden.

Dazu kommt Trockenfutter, das sich die Katze am besten erarbeiten soll. Das sogenannte Aktivity Feeding bietet gelangweilten Wohnungskatzen nicht nur Beschäftigung, sondern sie können selbst bestimmen, wann sie ihren kleinen Hunger stillen, und müssen nicht warten, bis ihr Mensch ihnen Futter zuteilt. Trockenfutterstückchen können beispielsweise in Food Puzzles bzw. Fummelbretter platziert werden, die Mieze etwa mit den Pfoten herausangeln muss (→ Foto, Seite 220). Inzwischen gibt es ein riesiges Angebot von Food Puzzles mit verschiedenen Schwierigkeitsgraden im Fachhandel. Damit Mieze auch nachts – wenn wir schlafen – ihren kleinen Hunger stillen kann, legt man ihr beispielsweise einen Futterparcours in der Wohnung an oder bestückt einen Futterautomaten mit Häppchen.

EXPERTIN KATZE

BRAUCHEN KATZEN ABWECHSLUNG IM SPEISEPLAN?

Balu und Baghira sprechen für die Katzengesellschaft.

Jeden Tag etwas anderes im Napf – ist das euer Traum von guter Ernährung?

Eher nicht. Wir Katzen sind Gewohnheitstiere. Schmeckt uns ein Futter, lassen wir uns nicht einfach etwas anderes vorsetzen, selbst wenn es gesünder ist. Manche von uns gehen sogar in Hungerstreik, bis es wieder die Leibspeise gibt.

Ihr könntet also euer ganzes Leben mit einer Futtersorte auskommen?

So ist es auch wieder nicht. In der Natur fressen wir durchaus Unterschiedliches: Mäuse und andere Kleinsäuger, Eidechsen, Schlangen, Blindschleichen, Frösche, Molche, Regenwürmer, Fliegen, Schmetterlinge, Heuschrecken, Libellen und andere Insekten, Fische und Vögel.

Wie gewöhnt man euch am besten an abwechlungsreiches, gesundes Futter?

Bekommen wir von klein auf verschiedene Geschmacksrichtungen angeboten, entwickeln wir uns weder zu Nahrungsspezialisten noch mäkeligen Fressern. Das heißt aber nicht, dass wir jeden Tag etwas Neues möchten. Bei der Beurteilung eines Futters arbeiten übrigens unser Geschmackssinn und Geruchssinn zusammen. Beide geben Informationen an das Gehirn weiter. Vor allem der Fettgeruch des Fleisches zieht uns Katzen magisch an. Mit unserem besonderen Jacobson'schen Organ, das im Gaumendach liegt, können wir den Duft, der in der Luft liegt, im wahrsten Sinne des Wortes schmecken.

Frischfutter einmal anders serviert: Es wird einfach in die Schleckmatte gestrichen, und die Katze ist so eine ganze Weile beschäftigt.

Gar nicht so einfach, da ranzukommen. Die drehbare »Snack Roll« mit größenverstellbaren Öffnungen wird mit Trockenfutterstückchen oder Leckerli gefüllt.

BARF – Katzen artgerecht ernähren

Biologisch **A**rtgerechtes **R**ohes **F**leisch – BARF – beruht auf dem Konzept einer artgerechten Ernährung der Katze. Das kleine Raubtier wird mit rohem Muskelfleisch und Futtertieren versorgt wie zum Beispiel Zuchtmäusen, Zuchtratten oder Eintagsküken. Die Futtertiere werden entweder ganz, in größeren Stücken oder durch den Wolf gedreht angeboten. Die Argumente der BARF-Befürworter sind nicht von der Hand zu weisen. Erfahrungen von Tierärzten und Züchtern belegen, dass sich beispielsweise Allergien, Verdauungsprobleme, Harnwegserkrankungen, Leber- und Nierenfunktionsstörungen, Diabetes und Übergewicht durch die Rohfütterung vermeiden oder lindern lassen (→ Literatur, Seite 252).

Das richtige Getränk und Katzengras

Wasser ist die erste Wahl für das richtige Katzengetränk. Normale Kuhmilch enthält Milchzucker, der bei vielen Katzen Durchfall hervorruft. Im Zoofachhandel gibt es spezielle Katzenmilch, die jedoch sehr fetthaltig ist. Sie eignet sich vor allem für tragende, säugende oder geschwächte Tiere.

Katzengras und Malzpaste Besonders Langhaarkatzen verschlucken bei der Fellpflege viele Haare, die sich im Magen zu Ballen (Bezoare) sammeln und Verdauungsprobleme verursachen können. Damit die Haarklumpen leichter erbrochen werden, helfen zum Beispiel Katzengras, die schnell wachsende Grünlilie und spezielle Katzenmalzpasten (Zoofachhandel).

Figurprobleme: Dick und rund – für Mieze gar nicht gesund

Große Sprünge kann Minou schon lange nicht mehr machen. Stattdessen ist die Britisch-Kurzhaar-Kätzin zum schwer atmenden Couch-Potato avanciert. Die vielen Pfunde machen Minou zu schaffen. Sie muss dringend abnehmen. Nur wie, fragt sich Nicole, mit der Minou schon seit sechs Jahren in einer sehr harmonischen Wohngemeinschaft lebt. Nicole sorgt sich um die Gesundheit ihres vierbeinigen Lieblings.

Zuerst die naheliegendste Frage: Wie ist das Übergewicht entstanden? Als Erstes muss der Tierarzt ausschließen, dass es krankheitsbedingt ist. Danach gibt es eigentlich nur eine einzige Erklärung: zu viele Kalorien und zu wenig Bewegung! Kennen Sie diesen Teufelskreis vielleicht aus eigener Erfahrung? Bei Übergewicht erhöht sich das Gesundheitsrisiko der Katze ebenso wie bei uns enorm: Diabetes, Nieren- und Leberleiden, Gelenk- und Herz-Kreislauf-Erkrankungen sind häufig die Folgen überflüssiger Pfunde. Bei Katzen wurde inzwischen nachgewiesen, dass Übergewicht ihre Lebenserwartung verkürzt.

KLEINER FIGURTEST

Woran erkennen Sie eigentlich, dass Ihr Stubentiger zu dick ist? Machen Sie den Test: Von oben gesehen hat er keine »Taille« mehr. Wenn Sie mit den Händen über seine Rippen streichen, fühlen Sie eine stattliche Fettschicht. Die seitliche Silhouette Ihres Lieblings zeigt einen Hängebauch, der beim Laufen hin- und herschlenkert. Er muss abspecken.

DEN TEUFELSKREIS DURCHBRECHEN

Auf uns selbst bezogen tun wir uns oft schwer abzunehmen. Doch bei unserem kleinen Tiger können wir

Figurprobleme. Diese Katze ist zu dick. Über ihren Rippen hat sich eine stattliche Fettschicht gebildet, und der Bauch hängt fast auf dem Boden.

Schlank und muskulös. Mit einem derart durchtrainierten Körper vermindert sich das Gesundheitsrisiko für die Katze erheblich.

es schaffen. Grundsätzlich gilt allerdings: Die Katze darf nicht hungern. Das schadet ihrem Organismus. Wenn Sie folgendes »Abspeckprogramm« bei Ihrem vierbeinigen Moppelchen konsequent einhalten, wird es bald um einiges leichter sein. Mieze sollte jedoch nicht mehr als 1 bis 1,5 Prozent ihres Körpergewichts pro Woche abnehmen, andernfalls kommt es – wie auch bei uns – zum berühmten Jo-Jo-Effekt.

- Sperren Sie den unbegrenzten Zugang zu hochkonzentriertem Trockenfutter. Gelangweilte Wohnungskatzen fressen oft mehr, als ihnen guttut.
- Leckerli müssen auf die Gesamtfuttermenge angerechnet werden (→ Seite 142). Normale Futterration plus Extrahäppchen machen dick.
- Diese gesunden Leckereien machen in Maßen überhaupt nicht dick: ein- bis zweimal wöchentlich ein Teelöffel Hüttenkäse oder Nachtkerzenöl (aus dem Zoofachhandel), etwas Magerquark, Joghurt, ein kleines Stück Butter oder Margarine. Sie sorgen für ein schönes Fell und erhöhen die Lebensqualität.
- Lassen Sie Ihren kleinen Tiger sein Futter erarbeiten. Beispielsweise, indem Sie Trockenfutterhappen in Papier einwickeln, die er dann auspacken darf. Damit ist Ihr Dickerchen eine Weile beschäftigt, bewegt sich entsprechend und hat auch noch ein Erfolgserlebnis.
- Legen Sie öfter mal gemeinsame Spielrunden ein. Schwingen Sie zum Beispiel die Katzenangel. Geradezu unwiderstehlich finden Katzen beispielsweise das Modell »Da Bird« (→ Foto, Seite 201) und den kostengünstigen »Cat Dancer« (→ Seite 202).
- Bei einer einzeln gehaltenen Wohnungskatze kann auch ein Artgenosse als Spielkamerad manchmal Wunder beim Abspecken bewirken.
- Diätfutter steht hier bewusst an letzter Stelle. Es muss einen hohen Eiweißanteil haben, dafür einen reduzierten Kohlenhydrat- und Fettanteil. Die meisten Lightprodukte bieten diese Zusammensetzung nicht. Lassen Sie sich von Ihrem Tierarzt beraten.

WAS SAGT DIE WAAGE?

Wiegen Sie zuerst sich selbst. Nehmen Sie dann Ihr Dickerchen auf den Arm und stellen Sie sich zusammen mit ihm auf die Waage. Ziehen Sie nun Ihr eigenes Gewicht von dem angezeigten Ergebnis ab. Und schon wissen Sie, was Ihr kleiner Moppel an »Kampfgewicht« zu bieten hat.

Gepflegt von Kopf bis Pfotenspitze

Die »Katzenwäsche« steht in unserem Sprachgebrauch für eine schnelle, oberflächliche Körperpflege. Auf die kleinen Tiger bezogen ist das jedoch eine Beleidigung. Täglich verbringen sie drei bis vier Stunden damit, ihr Äußeres zu »polieren«.

Katzen haben einen Putzfimmel

Auf dem Foto links sehen Sie Valentin. Hingebungsvoll kämmt er sein Fell mit der Zunge. Deutlich sieht man die winzigen, nach hinten gerichteten Häkchen seines Multifunktionswerkzeuges, denn die Zunge ist Waschlappen, Kamm, Bürste und Massagehandschuh in einem. Das Fellpflegeritual läuft in einer bestimmten Reihenfolge ab. Zunächst speichelt Valentin seine linke Pfotenunterseite so lange ein, bis sie feucht genug ist. Dabei prüft er auch die Krallen und beknabbert sie. Dann wäscht er gründlich sein Gesicht, die Augen und die Partie hinter den Ohren. Nun wird die ganze Prozedur mit der rechten Pfote wiederholt. Dann beleckt Valentin seine Vorderbeine und die Schultern. Es folgen die Flanken, der Genitalbereich, die Hinterbeine und zum Schluss der Schwanz von der Basis bis zur Spitze. So viel zur »oberflächlichen« Katzenwäsche ...

Warum sind Katzen so penibel? Die Antwort darauf ist einfach: Nur ein tipptopp gepflegtes Haarkleid behält bei Wind und Wetter seine schützende Funktion. Und noch eines: Hätten Katzen einen starken Eigengeruch, würden Mäuse & Co. sie bereits zehn Meilen gegen den Wind riechen. Das kleine Raubtier Katze wäre dann in der Natur wohl zum Hungertod verurteilt, denn erfolgreiche Jagdzüge könnte es abschreiben. Für Mieze selbst hat die Körperpflege aber noch weitere wichtige Bedeutungen.

Die ausgiebige Körperpflege hat auf Mieze auch eine beruhigende Wirkung.

Langhaarige Katzen brauchen Unterstützung bei der Fellpflege. Ist Mieze das Pflegeritual von klein auf gewöhnt, gibt es keine Zickereien.

Kleine Haarknoten können Sie mit den Fingern auseinanderziehen und auszupfen oder auskämmen. Hauptsache, es ziept nicht allzu sehr.

- Abgesehen davon, dass das Fell bei der Pflege von Staub und Schmutz befreit wird, verteilt die Katze mit der Zunge Fett aus den Talgdrüsen über ihr Haarkleid. So bleibt die Haut trocken, weil Regen am Fell abperlt.
- Ihre ausgiebige Putzaktion hat einen beruhigenden Effekt für Mieze. Und es scheint auch Mitkatzen, die ihr dabei zusehen, zu beruhigen. Wer mit der Körperpflege beschäftigt ist, hat nichts Böses im Sinn.
- Nach einer aufregenden Jagd oder einem ausgelassenen Spiel baut die Katze durch Putzverhalten Spannungen ab.
- Auch in Konfliktsituationen beginnt Mieze plötzlich, sich zu putzen. Das sogenannte Übersprungverhalten zeigt sie dann, wenn sie sich nicht entscheiden kann, was sie tun soll, zum Beispiel angreifen oder fliehen.
- Eine soziale Funktion hat das gegenseitige Putzen befreundeter Katzen. Bevorzugt wird die Stelle hinter dem Kopf des Artgenossen beleckt, an die man selbst nicht herankommt. Aber auch eine unterlegene Katze versucht einen dominanten Artgenossen mit Putzlecken zu beschwichtigen.

Pflegetipps für Katzenschönheiten

So manchem schwillt schier die Brust vor Stolz, wenn ein Besucher bemerkt, wie gepflegt die Katze ist und welch schönes Fell sie hat. Mit Recht, denn selbstverständlich ist das nicht. Neben einer gesunden Ernährung, sozusagen der inneren Pflege, sollten Sie auch Miezes Schönheitspflege von außen unterstützen.

Von klein auf Machen Sie Ihre junge Katze von Anfang an spielerisch mit allen Pflegehandgriffen vertraut, auch wenn sie es vielleicht noch gar nicht nötig hat. Dabei können Sie gleich einen Gesundheitscheck vornehmen.

- Putzen Sie mit einem feuchten Papiertaschentuch leicht die Augenwinkel und die Ohrmuscheln.
- Wischen Sie das kleine Hinterteil mit einem feuchten Tuch ab.
- Drücken Sie sanft von oben und unten auf die Zehen, damit die Krallen zum Vorschein kommen.
- Durch sanften Druck auf die Mundwinkel öffnet die Katze das Mäulchen und lässt sich die Zähne kontrollieren.
- Gewöhnen Sie Ihr Kätzchen schon vom Start weg an die Zahnbürste. Die effektivste Vorsorge für gesunde Zähne ist Zähneputzen (→ Seite 158).
- Lassen Sie Mieze an der Fellpflege-Babybürste schnuppern und diese für ungefährlich befinden, bevor Sie sie damit bürsten (→ Seite 154).

So wird die Pflege zum Event

Führen Sie feste Zeiten für das tägliche Pflegeritual ein. Belohnen Sie Mieze anschließend mit einem gesunden Leckerbissen (→ Seite 144), einem Zwiegespräch oder einer Extraspielrunde für ihre Geduld.

Augen Meist gibt es an den faszinierenden Katzenaugen wenig auszusetzen. Hier und da sitzt vielleicht ein Krümelchen in den inneren Augenwinkeln, das Mieze nicht selbst entfernen kann. Helfen Sie mit einem in lauwarmem Wasser angefeuchteten Papier- oder Kosmetiktuch. Im Zoofachhandel gibt es auch spezielle Pflegetücher für Katzen zu kaufen.

TIPPS & TRICKS

Der Fellwechsel im Frühjahr und Herbst ist für Katzen wichtig, um ihr Fell den klimatischen Verhältnissen anzupassen. Bei Katzen, die immer in der gleich warmen Wohnung leben, verläuft der Wechsel des Fells weniger stark als bei Freigängern.

CHECKLISTE

Der 5-Minuten-Gesundheitscheck

- ☐ Die Augen sind klar und ohne Ausfluss. Die Ohren sind sauber, geruchsfrei und ohne Beläge.
- ☐ Die Katze hat keinen Mundgeruch. Ihre Zähne sind frei von Belägen. Das Zahnfleisch ist blassrosa und nicht gerötet.
- ☐ Die Krallen sind nicht zu lang.
- ☐ Das Fell ist dicht und glänzt (bei Kurzhaarkatzen). Die Haut ist frei von Krusten und Verdickungen.
- ☐ Der After ist sauber, das Fell am Hinterteil nicht verschmutzt.

Ein schönes Haarkleid: Richtiges Kämmen und Bürsten will gelernt sein

Perserkater Elroy hielt noch nie viel vom Kämmen und Bürsten. Er knurrte, fauchte, biss und kratzte so lange, bis sich keiner mehr mit Kamm und Bürste in seine Nähe traute. Die Folge: Sein Fell verfilzte zusehends. Schon bald war Elroy von einem undurchdringlichen Filzpanzer umgeben, der den Kater auf Schritt und Tritt schmerzhaft an der Haut ziepte.
Der Tierarzt half dem narkotisierten Elroy mit einer Komplettschur.

So weit sollte es nicht kommen. Katzen mit einem langen Fell können ihr Haarkleid nicht selbst in Schuss halten. Sie brauchen tägliche Unterstützung von uns. Und selbst Kurzhaarkatzen nehmen gern ein- bis zweimal pro Woche diese Pflegehilfe an.

FELLPFLEGE SCHMACKHAFT MACHEN

Gewöhnen Sie schon Ihre junge Katze an die Fellpflege (→ Seite 153). Beginnen Sie mit kurzen Einheiten. Danach gibt es einen besonderen Leckerbissen. Dehnen Sie die Pflege nach und nach aus. Kämmen Sie immer in Wuchsrichtung des Fells. Beginnen Sie am Kopf des Tieres, dann folgen Rücken, Flanken, Schwanz und Beine. Erst zum Schluss werden die empfindlichen Körperregionen wie Achseln, Bauch und Leistengegend in Angriff genommen. Setzen Sie Kamm bzw. Bürste und Ihre streichelnde Hand abwechselnd ein.

BESONDERHEITEN BEI DER FELLPFLEGE

Kleine Haarknoten und verfilzte Stellen bei langhaarigem Fell mit den Fingern auseinanderziehen und auszupfen oder -kämmen. Halten Sie dabei die Haut an dieser Stelle fest, damit es nicht allzu sehr ziept (→ Filzkamm, Seite 159). Damit die Katze nicht auf glatten Böden ausrutscht, müssen zu lange Haare zwischen den Zehen mit einer Schere, deren Enden abgerundet sind, vorsichtig gekürzt werden. Auch um den Analbereich herum sollte das Fell so kurz sein, dass kein Kot hängen bleiben kann.

DER KATZENFRISEUR

Viele Hundesalons zählen auch Katzen zu ihren Kunden. Im Sommer ist eine Kurzhaarfrisur für Langhaarkatzen angenehm. Sie sind aktiver, leiden weniger unter der Hitze, und das Fell wird pflegeleichter.

- Tränende Augen, bedingt durch einen zu engen oder verstopften Tränenkanal, treten häufig bei Perserkatzen auf. Tupfen Sie die Tränen vorsichtig mit einem trockenen Papiertaschentuch ab.
- Tränen die Augen ständig, sind gerötet oder verquollen, steht ein Besuch beim Tierarzt an, ebenso, wenn sich das normalerweise unsichtbare dritte Augenlid, die Nickhaut, dauerhaft über das Auge schiebt.

Ohren Sie werden, falls nötig, ebenfalls mit einem angefeuchteten Tuch gereinigt. Manche Katzen neigen verstärkt zu Ohrenschmalz. Dunkle Klümpchen, häufiges Kratzen oder Kopfschütteln deuten auf Ohrmilben hin. In diesem Fall ist ein Besuch beim Tierarzt fällig.

Hinweis: Verwenden Sie weder für die Augen- noch die Ohrenpflege Wattestäbchen. Die Verletzungsgefahr ist zu groß.

Gebiss Zahnbeläge sind besonders bei Wohnungskatzen keine Seltenheit. Und daraus entwickelt sich Zahnstein. Schließlich kann es zu schmerzhaften Zahnwurzel- und Zahnfleischentzündungen kommen (→ Seite 166).

- Das Zahnfleisch ist verdickt, gerötet und blutet schon bei kleinsten Berührungen. Die Katze hat Mundgeruch, schiebt ihre Futterbrocken im Mäulchen herum und lässt ihren vollen Napf schon nach kurzer Zeit stehen.
- Schlechte Zähne mit Eiterherden verursachen Mieze jedoch große Schmerzen. Bakterien, die in die Blutbahn gelangen, sind für weitere Krankheiten verantwortlich. Sie können Nieren, Herz und Gelenke schädigen. Deshalb ist eine regelmäßige Zahnkontrolle überaus wichtig.
- Eine gute Maßnahme, um Zahnsteinbildung vorzubeugen, ist das tägliche Zähneputzen mit einer speziellen Fingerzahnbürste (→ Foto, Seite 150) und Zahncreme, die es sogar mit Hühnchengeschmack gibt.
- Vorbeugend helfen auch größere rohe Fleischhappen (Muskelfleisch von Rind und Lamm) und Eintagsküken (wenn Sie sich dazu überwinden können). Wirksame Kausnacks gibt es vor allem beim Tierarzt.
- Lassen Sie Zahnstein ein- bis zweimal jährlich vom Tierarzt entfernen. Kranke Zähne müssen behandelt oder gezogen werden.

Krallen Hat die Katze genügend Möglichkeiten, ihre Krallen zu wetzen, ist keine Unterstützung bei der Pflege nötig. Doch alte und kranke Tiere, die nicht mehr oder nur noch wenig klettern und kratzen, brauchen Hilfe.

- Sind die Krallen zu lang, bleibt das Tier damit im Teppich oder in der Kuscheldecke hängen. Die Krallen reißen ein und bluten.
- In einem Turnus von etwa zwei Wochen müssen die Krallen dann mithilfe einer Krallenzange gekürzt werden. Lassen Sie sich die Handgriffe vom Tierarzt zeigen, denn unerfahrene Halter können beim Krallenschneiden unbeabsichtigt selbst ein kleines Blutbad bei ihrer Katze anrichten. Jede Kralle ist von lebendem Gewebe durchzogen, das nicht verletzt werden darf. Es wird sichtbar, wenn Sie die Kralle gegen eine Lichtquelle halten.

Abgestorbene Haare lassen sich bei Kurzhaarkatzen hervorragend mit einem angefeuchteten Fensterleder abstreifen.

Kleiner Akrobat

Charly ist erst wenige Wochen alt, als er diese Putzversuche zeigt. Seine akrobatischen Einlagen während der Pflegeaktion sind zirkusreif. Katzenbabys üben bereits im Mutterleib ausgiebige Körperpflege. Sie lecken ihre Pfötchen, führen sie zum Gesicht und waschen sich. Diese faszinierenden Einblicke macht die moderne 3- beziehungsweise 4-D-Ultraschalltechnik möglich.

Acht wichtige Pflegeutensilien

Katzengras

Es hilft dem Stubentiger, verschluckte Fellhaare, die sich im Magen zu Ballen verklumpen können, leichter zu erbrechen. Auch die für Katzen ungiftige Grünlilie, eine schnell wachsende Zimmerpflanze, wird gern von vielen Wohnungstigern als »Brechhilfe« angenommen.

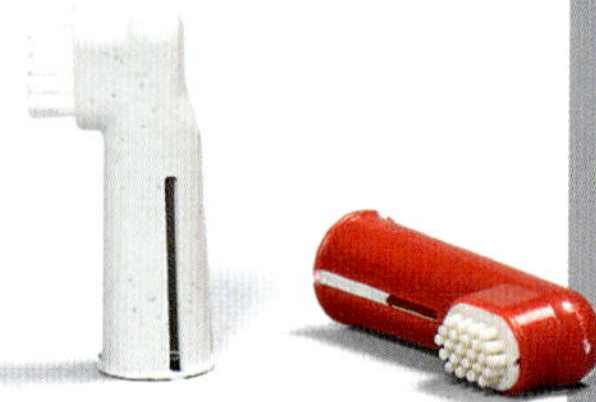

Zahnbürste

Aus Zahnstein kann sich eine schmerzhafte Zahnfleischentzündung entwickeln. Keine Seltenheit bei Wohnungskatzen. Beugen Sie vor, indem Sie Ihrer Katze von klein auf regelmäßig die Zähne mit einer speziellen Zahnbürste und Katzenzahnpasta (unsere sind für Katzen giftig) putzen.

Fellpflegebürsten

Für Katzen mit halblangem und langem Fell brauchen Sie eine kleine Drahtbürste mit gebogenen Zinken und eine kräftige Naturhaarbürste, wie hier abgebildet. Katzenkinder gewöhnen Sie am besten spielerisch mit einer weichen Babybürste an die Fellpflegeprozedur. Übrigens lieben auch viele Katzensenioren eine leichte Massage mit der weichen Bürste.

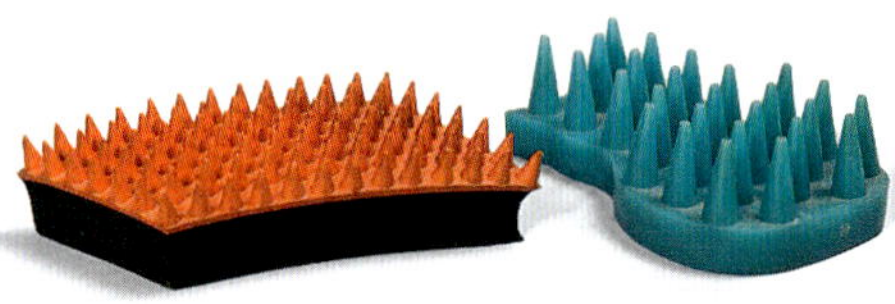

Noppenbürsten

Gumminoppenbürsten oder -handschuhe eignen sich für die Pflege von kurzem, anliegendem Fell. Anschließend die losen Haare mit feuchten Händen oder Fensterleder abstreifen.

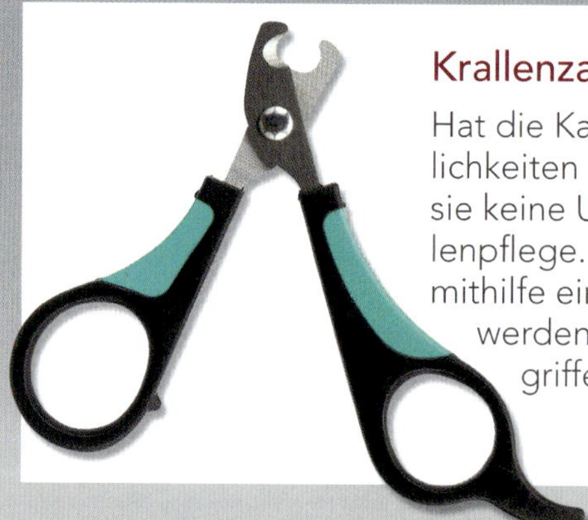

Krallenzange

Hat die Katze genügend Kratzmöglichkeiten in der Wohnung, braucht sie keine Unterstützung bei der Krallenpflege. Zu lange Krallen müssen mithilfe einer Krallenzange gekürzt werden. Lassen Sie sich die Handgriffe vom Tierarzt zeigen.

Katzentoilette

In Toilettenfragen sind Katzen eigen. Hauptsache, sauber und groß genug. Offene Modelle werden bevorzugt, denn in Haubentoiletten konzentrieren sich – trotz eingebauter Filter – Toilettengerüche. Für feine Katzennasen ein Gräuel.

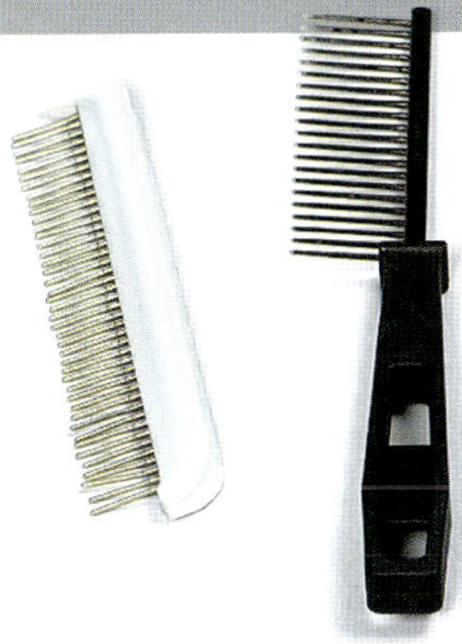

Kämme

Je kürzer das Fell, desto enger und kürzer sollten die Metallzinken des Kamms sein. Je dichter die Unterwolle, desto länger und weiter auseinanderstehend sollten die Zinken in diesem Fall sein. Engzahnige Kämmchen eignen sich auch für die »Gesichtspflege« bei langhaarigen Katzen.

Filzkamm

Eigentlich sollte es bei regelmäßiger Fellpflege erst gar nicht zu Verfilzungen des Fells kommen. Doch wenn es passiert, kann ein Filzkamm hilfreich sein. Bei großflächigen Verfilzungen ist es jedoch weitaus sinnvoller und angenehmer für die Katze, sie komplett vom Tierarzt scheren zu lassen.

Gesund und fit bis ins hohe Alter

Unsere Katze soll gesund alt werden. Das wünschen wir uns alle für unsere vierbeinige Freundin. Richtig ernährte, gepflegte und beschäftigte Wohnungskatzen haben gute Aussichten auf ein langes Leben. Und natürlich tragen auch Impfungen gegen gefährliche Krankheiten dazu bei.

Die wichtigsten Impfungen

Behütete Wohnungskatzen sind weitestgehend vor den Gefahren, die draußen lauern, geschützt. Aber auch sie können krank werden. Das größte Gesundheitsrisiko für die Stubentiger sind wir oft selbst – nämlich dann, wenn wir über Schuhe und Kleidung Krankheitserreger in die Wohnung schleppen. Regelmäßige Impfungen der Katze gegen die gefährlichsten Infektionskrankheiten sind Pflicht. Infektionserreger und Parasiten der Katze (→ Seite 166) können aber auch den Menschen infizieren. In diesem Zusammenhang spricht man von Zoonosen (→ Wichtige Hinweise, Seite 253).

Katzenschnupfen Die Virusinfektion ist bei schwerem Verlauf lebensbedrohend. Übertragen wird sie sowohl durch direkten Kontakt mit Artgenossen als auch durch Tröpfcheninfektion beim Husten und Niesen. Bereits im Mutterleib können die Föten von der Krankheit befallen werden. Der Mensch kann Überträger der Viren sein, aber selbst nicht daran erkranken.

Katzenseuche Diese hochansteckende Virusinfektion wird durch direkten Kontakt mit Artgenossen, über Gegenstände und durch den Menschen übertragen. Infiziert sich eine trächtige Kätzin, sind auch die Kätzchen im Mutterleib gefährdet. Der Mensch kann sich nicht anstecken.

Leukose (FeLV – Felines Leukose-Virus) Die unheilbare Viruserkrankung wird durch Speichel und Ausscheidungen infizierter Katzen übertragen.

Kranke Katzen sind stille Patienten. Sie ziehen sich meist zurück und verkriechen sich.

Es ist nicht einfach für uns Menschen zu erkennen, ob die Katze krank ist. Sie erträgt meist Krankheiten und Schmerzen, ohne zu jammern.

TIPPS & TRICKS

Der Tierarzt sollte Ihnen genau erklären, warum welche Impfung für Ihre Wohnungskatze sinnvoll ist. Kommen Ihnen Zweifel an der Notwendigkeit, holen Sie sich am besten eine zweite Meinung ein.

Schon im Mutterleib kann die Ansteckung erfolgen. Bei reinen Wohnungskatzen ist eine Impfung nur dann sinnvoll, wenn sie mit fremden Katzen in Berühung kommen, wie etwa in der Katzenpension. Um zu kontrollieren, ob die Katze Virusträger ist oder nicht, sollte vor einer eventuellen Impfung unbedingt ein Bluttest gemacht werden. Der Mensch ist nicht gefährdet.

Tollwut Diese stets tödlich verlaufende Virusinfektion wird durch Wildtiere, aber auch Mäuse übertragen. Das Virus wird mit dem Speichel ausgeschieden, daher sind Bisse besonders gefährlich. Reine Wohnungskatzen sind vor einer Ansteckung sicher.

Allerdings ist die Tollwutimpfung bei Auslandsreisen vorgeschrieben. Inzwischen gibt es Impfstoffe, die nur alle drei Jahre verabreicht werden müssen. Tollwut ist auf den Menschen übertragbar.

Ansteckende Bauchfellentzündung (FIP – Feline Infektiöse Peritonitis) Die Verlaufsform dieser Viruserkrankung ist fast immer tödlich. Wie die Krankheit übertragen wird, ist bis heute noch nicht sicher geklärt. Bekannt ist jedoch, dass viele Katzen FIP-Viren in sich tragen, ohne selbst zu erkranken. Die Impfung ist unter Fachleuten umstritten (→ Impfplan, Seite 163). Der Mensch kann sich nicht mit FIP-Viren anstecken.

Aujeszky-Krankheit Diese Virusinfektion verläuft für Katzen tödlich. Die Übertragung erfolgt durch rohes Schweinefleisch. Füttern Sie deshalb kein rohes Schweinefleisch.

Auch der Mensch kann sich infizieren, allerdings ruft die Krankheit nur harmlose Symptome – ähnlich einer Erkältung – hervor.

Entwurmen

Bandwürmer, Spul- und Hakenwürmer, mit denen die Katze infiziert ist, können über den Kot auch den Menschen befallen. Besonders kleinere Kinder, die einen engen Kontakt zu Mieze pflegen und es mit der Hygiene noch nicht so genau nehmen, sind gefährdet. Die Wurmeier werden zwar in erster Linie durch Beutetiere übertragen, mit denen eine Wohnungskatze aber wohl kaum in Berührung kommt, doch auch Flöhe sind für manche Wurmarten Zwischenwirte, und selbst über Schuhsohlen können Wurmeier in die Wohnung gelangen. Für Wohnungskatzen reicht in der Regel eine Wurmkur pro Jahr aus. Gegen Wurmparasiten gibt es verschiedene Präparate wie Tabletten, Pasten und Spot-on-Präparate. Der Tierarzt bespricht mit Ihnen, welche Mittel für Ihre Katze geeignet sind. Er kann auch durch eine Kotuntersuchung feststellen, ob die Katze wurmfrei ist. Bandwurmglieder erkennt man übrigens sogar mit bloßem Auge im Kot oder um den After der Katze herum als bewegliche »Reiskörner«. Bei der Impfung sollte die Katze möglichst wurmfrei sein. Daher empfiehlt es sich, sie zwei bis drei Wochen vor dem Impftermin zu entwurmen.

IMPFPLAN

Geimpft werden sollten nur gesunde Tiere. Deshalb gehört zu jeder Impfung vorab eine gründliche Untersuchung der Katze durch den Tierarzt. Der vorliegende Impfplan bietet einen Überblick, kann aber vom individuellen Impfplan, den der Tierarzt speziell für ein Tier erstellt, abweichen.

IMPFUNG GEGEN	1. IMPFUNG	2. IMPFUNG	AUFFRISCHUNGSIMPFUNG
Katzenschnupfen	mit 8 Wochen	mit 12 Wochen	jährlich
Katzenseuche	mit 8 Wochen	mit 12 Wochen	nach einem Jahr, dann alle 2 Jahre
Leukose	mit 8 Wochen nur nach vorangegangenem Leukosetest und nur für Katzen, die in die Katzenpension gehen	mit 12 Wochen	jährlich
Tollwut	mit 12 Wochen nur Ausstellungskatzen und vor Auslandsreisen	–	alle 3 Jahre

Hinweis: Die Wirksamkeit der FIP-Impfung ist unter Fachleuten umstritten. Sie ist nur in seltenen Fällen sinnvoll, zum Beispiel dann, wenn ein negativ getestetes Tier in einen Bestand mit FIP-verdächtigen Katzen kommt, oder in Zuchten mit bekannter FIP-Problematik. Die 1. Impfung erfolgt mit 16 Wochen, die 2. Impfung mit 19 Wochen. Die FIP-Impfung muss jährlich aufgefrischt werden.

Patient Katze

Katzen ertragen Krankheiten und Schmerzen, ohne zu jammern. Deshalb ist es für uns schwer zu erkennen, ob Mieze sich unwohl fühlt oder Schmerzen hat. Hinweise sind oft Änderungen ihres Verhaltens, zum Beispiel wenn Ihre Katze Sie abends nicht mehr an der Tür begrüßt oder nicht wie gewohnt auf das Sofa springt, ihr Lieblingsspielzeug unbeachtet lässt, viel schläft, keine Körperpflege mehr betreibt, wenig frisst oder unruhig wirkt. Auch ein klägliches »Miau« ab und zu kann heißen: »Mir tut etwas weh!« Bemerken Sie auch nur eine dieser Veränderungen, sollten Sie nicht zögern, Ihren kleinen Tiger Ihrer Tierärztin/Ihrem Tierarzt vorzustellen.

TIPPS & TRICKS

Ein Dampfbad kann bei einer Erkältung die Beschwerden lindern. Dazu die Katze in die geschlossene Transportbox setzen und einen Kamillenaufguss davorstellen. Mit einem Tuch den Dampf zur Katze hinfächeln.

Häufige Krankheiten der Wohnungskatze

Natürlich können auch Wohnungskatzen jegliche Krankheit bekommen. Sie alle aufzuführen, würde den Rahmen dieses Ratgebers sprengen. Spezielle Literatur zum Thema Krankheiten finden Sie auf Seite 252. Meine Auswahl richtet sich vor allem danach, welche Leiden als Todesursachen statistisch auf den vorderen Plätzen stehen, welche Krankheiten für einen Laien gut erkennbar sind und wobei man eventuell Erste Hilfe leisten kann.

Chronische Niereninsuffizienz Jede dritte ältere Katze stirbt daran (→ Seite 171). Die Blut- und/oder Harnuntersuchung beim Gesundheitscheck ab dem 8. Lebensjahr gibt die Möglichkeit, diese häufige Krankheit rechtzeitig zu erkennen und zu behandeln.

- Mögliche Ursachen: Bakterielle Infektionen, Kolibakterien oder ähnlich wirkende Giftstoffe wie Haushaltsgifte und Pflanzengifte, Tumoren, Nierensteine, Harnabsatzstörungen oder Erbkrankeiten.
- Symptome: Apathie, vermehrte Flüssigkeitsaufnahme, erhöhter, häufiger Harnabsatz, Appetitmangel und/oder Erbrechen, süßlicher Mundgeruch, Gewichtsverlust, Durchfall, schlechter Zustand von Fell und Haut. Die Symptome entwickeln sich über einen längeren Zeitraum.
- Behandlung: Sie richtet sich nach der festgestellten Ursache der Erkrankung. In der Regel empfiehlt der Tierarzt in diesem Fall auch ein spezielles Diätfutter.

Leberentzündung (Hepatitis) Besonders ältere Katzen haben häufig mit Lebererkrankungen zu kämpfen.

- Mögliche Ursachen: Auslöser sind Viren und Bakterien. Nichtinfektiöse Ursachen sind unter anderem eine Fettleber und Vergiftungen.

Vermehrter Durst kann ein Symptom für Diabetes sein. Die Zuckerkrankheit tritt bei übergewichtigen Wohnungskatzen häufiger auf.

- Symptome: Appetitmangel, Mattigkeit, zum Teil Erbrechen und Durchfall, später Gelbfärbung der Schleimhäute (Gelbsucht), gelblicher Kot.
- Behandlung: Antibiotika und Diätfutter. Die Heilungschancen bei einer akuten Hepatitis sind wesentlich größer als bei einer chronischen Entzündung, die oft zur Leberzirrhose führt.

Diabetes (Zuckerkrankheit) Diese Wohlstandskrankheit kann infolge von Übergewicht entstehen, das inzwischen mehr als ein Drittel aller Wohnungskatzen aufweist (→ Seite 148).

- Ursache: Das von der Bauchspeicheldrüse produzierte Hormon Insulin reguliert die Zuckeraufnahme der Zellen aus dem Blut. Fehlt Insulin – zum Beispiel bei entzündeter Bauchspeicheldrüse –, kann der Zucker aus der Nahrung nicht mehr verwertet werden.
- Symptome: Vermehrter Durst, vermehrter Urinabsatz, vermehrter Hunger und häufig auch Gewichtsverlust. Manchmal fallen Fellveränderungen (Schuppen, stumpfes Fell, Haarausfall) auf.
- Behandlung: Fehlendes Insulin muss gespritzt werden. Eventuell empfiehlt der Tierarzt eine spezielle Diät.

Erkrankungen der Zähne und der Mundhöhle Zahnstein, Entzündungen des Zahnfleischs und Defekte an den Zähnen können bei der Katze in jedem Alter auftreten (→ Seite 155).

- Symptome: Zahnstein zeigt sich als harter, bräunlicher Zahnbelag. In der Folge entsteht oft eine schmerzhafte Zahnfleischentzündung. Das Zahnfleisch ist gerötet, geschwollen und blutet bei der leichtesten Berührung. Das Tier hat starken Mundgeruch, sabbert, kaut einseitig und zieht Nassfutter dem harten Trockenfutter vor.
- Behandlung: Häufig werden zunächst Antibiotika eingesetzt. Die Gebisssanierung nimmt der Tierarzt an der narkotisierten Katze vor. Neben der Zahnreinigung müssen eventuell auch Zahnfleischtaschen, lose und eitrige Zähne entfernt werden.
- Vorbeugende Maßnahmen: Zähneputzen, rohe Fleischstücke und Kausnacks vom Tierarzt.

Alternative Heilmethoden – wie hier die Schüßlersalze – haben bei Katzen gute Behandlungserfolge erzielt.

Verstopfung Übergewicht, Bewegungsmangel und einseitige Ernährung sind die häufigsten Ursachen einer Verstopfung. Aber auch abgeschluckte Fremdkörper und Tumoren können den Darm blockieren.

- Symptome: Trotz angestrengtem Pressen kann die Katze keinen Kot absetzen. Kommen Erbrechen und Apathie hinzu, muss die Katze umgehend vom Tierarzt behandelt werden.
- Behandlung: Sie richtet sich nach der Ursache. In leichten Fällen reichen eine Futterumstellung, mehr Bewegung, eine leichte Massage des Bauches und das Verabreichen eines handelsüblichen Babyklistiers.

Durchfall Besonders Jungkatzen sind häufig anfällig für Verdauungsstörungen wie Durchfall, zeigen aber sonst ein normales Verhalten.

- Behandlung: Oft hat Mieze nur Unbekömmliches gefressen. Entziehen Sie ihr für 12 bis 24 Stunden das Futter, sodass sich der Darm beruhigen kann. Sorgen Sie dafür, dass die Katze viel frisches Wasser trinkt. Wird der Durchfall von weiteren Symptomen begleitet, muss sie zum Tierarzt.

Flöhe und andere Parasiten

Auch Wohnungskatzen sind vor den lästigen Plagegeistern nicht sicher.

Flöhe Sie lösen einen heftigen Juckreiz aus. Durch das Kratzen entstehen Wunden, die sich entzünden können. Darüber hinaus übertragen Flöhe Infektionskrankheiten und sind Zwischenwirt für den Bandwurm. Flöhe lassen sich bei der Katze leicht nachweisen. Kämmen Sie das Fell über einer hellen Unterlage. Dunkle Krümel, die sich bei Kontakt mit Wasser rotbraun färben, sind Flohkot. Gegen Flöhe gibt es sehr wirksame Präparate wie Tropflösungen, sogenannte Spot-on-Präparate, die auf den Nacken der Katze aufgetragen werden, und Medikamente zum Eingeben.

Ohrentropfen. Die Ohrmuschel nach oben ziehen und die Tropfen direkt in den Gehörgang träufeln.

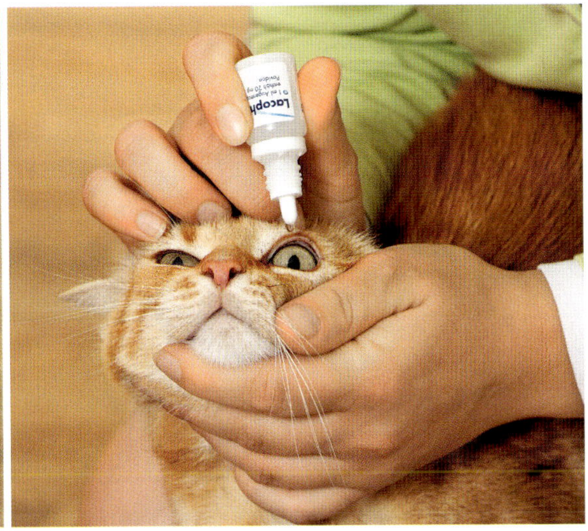

Augentropfen. Den Kopf umfassen, leicht anheben und das untere Augenlid sanft zurückziehen.

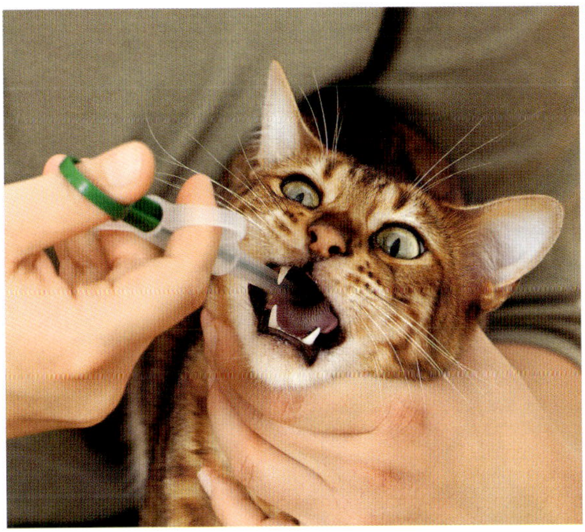

Tabletten. Mit einem speziellen Tabletteneingeber (Tierarzt) tief in den Rachen verabreichen.

Flüssige Medikamente. Für die Eingabe leistet eine Einwegspritze ohne Nadel gute Dienste.

Milben Die winzigen Spinnentierchen können die Katze arg plagen.

- Ohrmilben sind an einem krümeligen, dunkelbraunen Belag im Ohr zu erkennen und lösen einen heftigen Juckreiz aus.
- Hautmilben leben entweder auf der Hautoberfläche oder graben sich in die Haut. Die Symptome reichen von Juckreiz über schuppige Haut bis hin zu entzündeten schorfigen Stellen am ganzen Körper. Der Tierarzt stellt den Befall anhand einer Hautprobe unter dem Mikroskop fest. Zur Behandlung stehen mehrere wirksame Präparate zur Verfügung.

Erste Hilfe im Notfall

Gelangweilte Wohnungskatzen kommen manchmal auf die verrücktesten Ideen und probieren vieles aus, was ihnen nicht guttut.

Verbrennungen der Pfoten An heißen Herdplatten hat sich schon mancher Wohnungstiger die Pfoten verbrannt. Tauchen Sie die Pfote in Eiswasser. Anschließend Pfotenballen zum Beispiel mit Traumeel-Salbe einreiben. Bei großflächigen Verbrennungen decken Sie die Stelle mit einem Tuch oder Verbandsmaterial ab und bringen die Katze sofort zum Tierarzt.

Insektenstich Die Jagd auf Bienen oder Wespen endet manchmal mit einem schmerzhaften Stich. Die Katze humpelt und leckt sich die Pfoten. Wenn möglich den Stachel entfernen und die Einstichstelle mit kaltem Wasser oder Eis kühlen. Anschwellende Stiche in Mund und Rachen können die Atmung blockieren. In diesem Fall sofort zum Tierarzt!

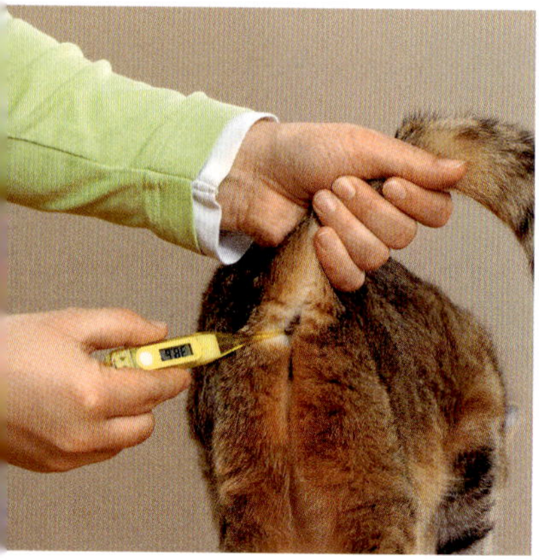

Fieber wird mit einem Digitalthermometer im After gemessen. Die normale Körpertemperatur einer erwachsenen Katze liegt zwischen 38,0 und 39,2 °C.

Vergiftungen Symptome sind: Erbrechen, starkes Speicheln, Zittern, Atemnot, Apathie, Krämpfe, bläulich verfärbte Schleimhäute, Kollaps. Versuchen Sie nicht, Ihre Katze mit bewährten Hausmitteln zum Erbrechen zu bringen. Hier ist der rasche Gang zum Tierarzt die einzig richtige Maßnahme.

Fremdkörper im Maul Holzsplitter, Teile von Plastikspielzeug, Nadeln oder Ähnliches können sich im Rachenraum einspießen. Umfassen Sie den Kopf der Katze von hinten und drücken Sie vorsichtig auf die Mundwinkel, bis sich die Schnauze öffnet. Fremdkörper mit einer Pinzette entfernen. Wenn das nicht möglich ist, bringen Sie Ihre Katze umgehend zum Tierarzt.

Panikzustand Eine Katze reagiert bei Schock, Panik oder großen Schmerzen unvorhersehbar. Wickeln Sie sie möglichst sofort in ein Tuch. Das verhindert, dass die Katze wegläuft, sich selbst verletzt oder Sie beißt. Beruhigen Sie das Tier durch sanftes, leises Zureden.

NEUES AUS DER KATZENWELT: **ALTERNATIVE MEDIZIN**

- Natürliche Heilmittel und sanfte Behandlungsmethoden kennzeichnen die alternative Tiermedizin. Sie stärkt die Abwehrkräfte, fördert die Selbstheilung und unterstützt beziehungsweise ergänzt die klassische Medizin.
- Insbesondere bei chronischen Schmerzzuständen, Allergien und Verhaltensauffälligkeiten kann die alternative Medizin nachweislich die Lebensqualität der Katze erhöhen.
- Zu den bei Katzen besonders erfolgreichen Methoden gehören Homöopathie, Akupunktur und Akupressur, Bachblüten- und Magnetfeldtherapie, Schüßlersalze, Tellington TTouch, Reiki und Lichttherapie.

Kastration: Warum sie sinnvoll ist und wie sie das Katzenleben verändert

Wohnungskatze Feli ist nicht kastriert. Mehrmals im Jahr wird sie rollig – eine harte Zeit für Mensch und Tier. In dieser Zeit spielen Felis Hormone verrückt. Sie sehnt sich mit aller Macht nach einem Kater, der ihre Liebeswünsche erfüllt. Doch Fehlanzeige, es gibt keinen Kater. Feli lebt als Einzelkatze bei ihren Menschen, die keinen Katzennachwuchs möchten. Also bleibt Felis Sehnsucht unerfüllt. Sie muss allein mit ihrer Gefühlswelt klarkommen.

Die Rolligkeit kann bei ungedeckten Kätzinnen bis zu drei Wochen andauern. In den Zeiten der Liebe verändert sich das Verhalten der Kätzin. Anfangs gibt sie sich besonders schmusig und streicht ständig um unsere Beine. Dann wird sie zunehmend unruhiger. Sie gebärdet sich wie wild, wälzt sich auf dem Boden, streift ruhelos durch die Wohnung und schreit nächtelang ausdauernd und laut nach einem Partner. Wird sie gestreichelt, nimmt sie die Paarungsstellung ein: Sie duckt sich ab, macht ein Hohlkreuz, legt den Schwanz zur Seite und präsentiert ihr Hinterteil. Unkastrierte Kater sind das ganze Jahr über paarungsbereit. Ihre Potenz zeigen sie durch einen extrem unangenehm stechend riechenden Urin an, den sie auch in der Wohnung verspritzen. Übrigens geben auch rollige Kätzinnen ihren Kinderwunsch manchmal durch Harnmarken bekannt.

WAS IST NACH DER KASTRATION ANDERS?

Bei der Kastration erhalten die Tiere eine Vollnarkose. Dem Kater werden die Hoden, der Kätzin die Eierstöcke entfernt. Nach dem Eingriff markiert ein rechtzeitig kastrierter Kater meist nicht mehr. Eine kastrierte Kätzin wird weder rollig noch trächtig oder scheinträchtig. Auch Gebärmuttererkrankungen kann sie nicht mehr bekommen. Viele Katzenbesitzer haben Angst vor Persönlichkeitsveränderungen ihrer Stubentiger. Diese Angst ist unbegründet. Die meisten Katzen sind nach dem Eingriff ausgeglichener und werden ruhiger, setzen allerdings leichter Speck an. Kastraten brauchen deshalb etwa ein Drittel weniger Kalorien. Der beste Zeitpunkt für die Kastration ist vor Beginn der Geschlechtsreife. Bei der Kätzin tritt sie ab dem 6. Lebensmonat ein, beim Kater meist zwischen dem 8. und 10. Lebensmonat.

Katzensenioren – die golden Oldies

Die Lebenserwartung einer Wohnungskatze liegt bei 15 bis 20 Jahren, einige werden noch älter. Offiziell zählt Mieze schon ab ihrem 10. Lebensjahr zu den Oldies. Äußerlich sieht sie aus wie immer. Doch allmählich wird sie ruhiger und zieht ein Nickerchen dem aufregenden Spiel vor.

Die Lebenserwartung erhöhen

Creme Puff lebte in Amerika, genauer gesagt in Austin, Texas. Sie wurde nachweislich 38 Jahre und drei Tage alt und schaffte es damit als älteste Hauskatze der Welt ins Guinness-Buch der Rekorde. Die derzeit älteste Katze heißt Flossi. Sie lebt in England und weist ein Alter von fast 30 Jahren auf. Laut ihrer Besitzerin ist sie zwar taub und sehbehindert, aber noch äußerst verspielt. Doch solche Methusalems sind selten. Fest steht, dass behütete Wohnungskatzen mit guten genetischen Veranlagungen eine beachtliche Chance auf ein langes Leben haben. Und auch wir können durch regelmäßige Gesundheitsvorsorge, gesunde Ernährung und artgerechte Haltung der Katze dazu beitragen, ihre Lebenserwartung zu erhöhen.

Jährlicher Gesundheitscheck Spätestens ab dem 10. Lebensjahr sollten Sie Ihre Katze einmal im Jahr gründlich von einem Tierarzt durchchecken lassen. Dazu gehört eine umfassende körperliche Untersuchung, die Gewichtskontrolle und eine Blutuntersuchung. Manche Krankheiten entwickeln sich schleichend, wie etwa Herz- und Tumorerkrankungen oder die chronische Niereninsuffizienz, an der jede dritte Seniorkatze stirbt (→ Seite 164). Krankheitssymptome zeigt die Katze dabei zunächst nicht. Sie verhält sich höchstens etwas ruhiger. Wenn die Krankheit offensichtlich wird, ist es für eine wirksame Therapie meist zu spät.

Wenn die Gelenke schmerzen, ist solch eine Treppe als Aufstiegshilfe Gold wert.

Geschützt und bodennah. Schon seit einiger Zeit ist das offene Fach des Sideboards der Lieblingsruheplatz des Katzenseniors.

Von Katzenjahren und Menschenjahren

Wie alt ist meine Katze, wenn ich ihr Alter auf Menschenjahre umrechne? Diese Frage wird häufig gestellt. Früher hieß es: Ein Katzenjahr zählt wie sieben Menschenjahre. Doch diese Aussage stimmt nicht, wie Zoologen, Tiermediziner und Verhaltensforscher inzwischen festgestellt haben. Demnach ist eine einjährige Katze im Vergleich zu uns bereits im Teenageralter, also etwa 15 Jahre alt. Mit zwei Jahren entspricht ihr Alter einem 25-jährigen Menschen. Für die nächsten vier Katzenjahre zählt jedes Jahr fünf Menschenjahre. Also ist eine sechsjährige Katze so alt wie ein 45-jähriger Mensch. Ab dem 7. bis zum 12. Lebensjahr schlägt jedes Jahr wie vier Menschenjahre zu Buche. Ab dem 13. Lebensjahr zählt jedes weitere Jahr wie drei Menschenjahre. Demnach ist eine 20-jährige Katze so alt wie ein 93-jähriger Mensch, eine 25-jährige Katze ist dann 108 Jahre alt.

Rassekatze oder Hauskatze Wer von beiden wird älter? Auch diese Frage bewegt viele Katzenfreunde. Vorausgesetzt, dass verantwortungsvolle Züchter nur gesunde Tiere miteinander verpaaren, haben Rassekatzen die gleiche Lebenserwartung wie die »Normalos«.

TIPPS & TRICKS

Zur Festigung und Elastizität der Knochen, Bänder und des Bindegewebes hat sich bei Katzensenioren der Einsatz des Schüßlersalzes Nr. 1 (Calcium fluoratum) bewährt. Es verbessert zum Beispiel die nachlassende Sprungkraft.

Was sich im Alter verändert

Katzen altern würdevoll. Man muss genau hinschauen, um ihnen die Veränderungen, die das Alter mit sich bringt, anzumerken. Die Kräfte lassen langsam nach, doch das kaschieren die vierbeinigen Senioren elegant mit ein paar Extrarunden Dösen. Sie beobachten lieber, als im Trubel mitzumischen. Die Gelenke werden steifer und damit ihre Bewegungen langsamer. Von großen Sprüngen und gefährlichen Kletterpartien lässt Mieze jetzt die Pfoten. Mit zunehmendem Alter hört, sieht und riecht die Katze schlechter. Sie ist krankheitsanfälliger, denn das Immunsystem wird schwächer. Ab dem 14. Lebensjahr verändert sich oft die Silhouette des Stubentigers. Er wirkt knochig und hat einen »Hängebauch«, weil sich hier das Körperfett sammelt. Das Fell glänzt nicht mehr so wie früher, die Haut ist schuppig, und Zähne können ausfallen. Auch die Psyche leidet – von Vergesslichkeit bis hin zu Persönlichkeitsveränderungen ist alles möglich. Wie geht man nun mit dem Senior um, und wie kann man ihm das Leben erleichtern?

Hängeliegen an der Heizung bevorzugen nicht nur die Oldies – alle Katzen finden diese Plätzchen klasse.

Das tut den Oldies gut

Viele Jahre hat die Katze Ihr Leben begleitet. Die Liebe zu ihr ist mit jedem Tag gewachsen. Auch im Alter wünschen Sie nur das Beste für sie.

Respektieren Sie, wenn sich Ihr Oldie in ein stilles Eckchen zurückzieht und lieber von dort aus beobachtet, was vor sich geht.

- Animieren Sie ihn nicht, sich in wilden Spielen zu verausgaben – wie etwa dem Fangen des Lichtpunktes eines LED-Pointers (→ Seite 203).
- Genießen Sie gemeinsame Rituale mit Ihrem Katzensenior, denn jetzt sucht er oft ganz besonders Ihre Nähe.

Wappnen Sie sich mit viel Liebe, Geduld und Verständnis.

- Die älteren Herrschaften entwickeln nicht selten Marotten. Pussy zum Beispiel forderte mit Dauermiauen nachhaltig Ausgang auf den Balkon. Wurde die Tür geöffnet, blieb sie so lange sitzen, bis sie über die Schwelle hinausgetragen wurde. Manche Stubentiger lehnen plötzlich bestimmte Menschen oder Mitkatzen ab. Üben Sie Nachsicht.
- Demente Katzen wirken verwirrt und orientierungslos. Sprechen Sie solch ein Tier immer ruhig an und versuchen Sie so, den Kontakt zu ihm herzustellen. Manche Katzen rufen nachts stundenlang nach ihrem Menschen. Hier kann der Tierarzt mit entsprechenden Medikamenten Linderung schaffen.

Das Fummelbrett – eine tolle Beschäftigung für Oldies. Es hält fit im Kopf, trainiert die Geschicklichkeit und strengt körperlich nicht zu sehr an.

Bis man alle Trockenfutterstückchen herausgeangelt hat, vergeht die Zeit wie im Flug. So macht Bewegung besonders viel Spaß.

Inzwischen weiß man, dass das Gehirn durch Lernen und Üben auch im Alter noch trainiert werden kann. Und auch körperliche Fitness verlangsamt den Alterungsprozess.

- Beschäftigen Sie Ihren Oldie mit Intelligenzspielen und kleinen Aufgaben, die er lösen muss (→ Seite 219).
- Auch Clickern trainiert das Gehirn auf spielerische Weise (→ Seite 236).
- Erfinden Sie neue schonende Spiele für Ihren Katzensenior.
- Bringen Sie ihm von draußen weiterhin interessante Düfte wie zum Beispiel Moos, trockenes Laub oder Gräser mit nach Hause.
- Kommen Sie aber bitte nicht auf die Idee, Ihrem Oldie ein Kätzchen als »Jungbrunnen« dazuzugesellen. Für ruhebedürftige Senioren sind Katzenkinder Nervensägen. Auch für Katzen, die jahrelang allein gelebt haben, wäre ein Artgenosse im Alter eine Zumutung.

Dass Katzen Gewohnheitstiere sind, lässt sich im Alter noch deutlicher feststellen.

- Verändern Sie so wenig wie möglich im Umfeld Ihres Katzenseniors.
- Keine Katze mag Möbelrücken. Für Oldies ist es eine Katastrophe.
- Schaffen Sie bequeme Auf- und Abgänge, zum Beispiel mit einer Treppe zum begehrten Fensterplatz (→ Foto, Seite 102) oder dem Catwalk.
- Sorgen Sie für Katzentoiletten, die ohne akrobatische Verrenkungen für den Senior nutzbar sind. Gut geeignet sind große, offene Klos mit einem niedrigen Einstieg.
- Für senile Katzen, die planlos durch die Wohnung laufen, sollte der Lebensraum ein wenig verkleinert werden und übersichtlich gestaltet sein.

Vorausgesetzt, Ihr Senior ist organisch gesund und verträgt sein gewohntes Futter, müssen Sie seine Ernährung nicht umstellen.

- Selbst Katzen mit fehlenden oder keinen Zähnen können kauen, denn der Gaumen härtet sich aus. Viele Oldies verweigern jedoch plötzlich hartes Trockenfutter – ein möglicher Hinweis auf schmerzhafte Zahnwurzel- und Zahnfleischentzündungen (→ Seite 155)!
- Nicht wenige alte Katzen haben Nieren- und Leberprobleme. Für sie gibt es ein auf die Krankheit abgestimmtes Diätfutter beim Tierarzt. Auch der Zoofachhandel hält spezielles Seniorenfutter bereit.

Die älteren Herrschaften haben häufig Gelenkprobleme. Sie können sich deshalb nicht mehr so penibel pflegen wie früher.

- Eine sanfte Bürstenmassage genießen die meisten Oldies.

TEST: Wie fit ist Ihr Katzensenior?

Gleichaltrige Katzen kann man nicht einfach über einen Kamm scheren. Testen Sie hier, wie fit Ihr Senior wirklich ist.

	JA	NEIN
1. Ihr Oldie springt problemlos auf seinen Kletterbaum oder den Schrank.	•	•
2. Der Inhalt des Einkaufskorbs wird wie immer neugierig untersucht.	•	•
3. Der Katzensenior jagt sofort jedem Bällchen hinterher, das Sie für ihn werfen.	•	•
4. Wenn Sie mit der Katzenangel wedeln, springt der Oldie nach der »Beute« und fängt sie.	•	•
5. Von der Fensterbank aus beobachtet Ihr vierbeiniger Liebling aufmerksam, was sich da draußen so alles tut.	•	•
6. Die Katze ist sofort hellwach, wenn Sie zum Beispiel mit der Leckerlidose klappern. Sie kommt eilig herbeigerannt, um die Belohnung nicht zu verpassen.	•	•
7. Ihr Oldie legt eine genaue Landung beim Springen hin und landet nicht öfter mal neben dem Ziel.	•	•

Auflösung: 7-mal »Ja«: Ihr Katzenoldie ist immer noch in bester Verfassung. 5- bis 6-mal »Ja«: Ihre Katze ist für ihr Alter noch gut in Form. 3- bis 4-mal »Ja«: Ihr Liebling ist in die Jahre gekommen und braucht seine wohlverdiente Ruhe.
0- bis 2-mal »Ja«: Wenn Ihr Senior nicht krank ist, fehlen ihm vielleicht interessante Anregungen.

Abschied nehmen: Wenn das Katzenleben zu Ende geht

Linus, der Kater, starb an einem Sonntag im stolzen Alter von 22 Jahren. Unter einer schmerzhaften Krankheit hatte der Katzensenior glücklicherweise nicht zu leiden. Doch er selbst schien des Lebens müde zu sein. Er wollte nichts mehr fressen und verließ seinen Schlafplatz kaum noch. Die letzten Stunden suchte Linus die Nähe seines Frauchens. Ruhig lag er in ihren Armen, als er seine letzten Atemzüge machte.

Katzen, die an Altersschwäche sterben, scheinen nicht zu leiden. Das Hinübergleiten vom Leben in den Tod verläuft friedlich. Schön, wenn ein langes Katzenleben so endet.

DER LETZTE LIEBESBEWEIS

Ist die Katze dagegen unheilbar krank und hat starke Schmerzen, müssen Sie Ihrem vierbeinigen Liebling einen letzten Liebesdienst erweisen: Lassen Sie ihn vom Tierarzt einschläfern. Der richtige Zeitpunkt ist dann gekommen, wenn es Ihrer Katze merklich schlecht geht, ihre Lebensqualität sehr eingeschränkt ist und keine Aussicht mehr auf eine erfolgreiche Therapie oder zumindest eine Besserung ihres Leidens besteht. Wenn möglich, sollten Sie Ihren geliebten Stubentiger bis an sein Ende begleiten und ihn in seiner gewohnten Umgebung einschläfern lassen. Viele Tierärzte sind bereit, ins Haus zu kommen. Verantwortungsvolle Tierärzte besprechen ihr Vorgehen mit Ihnen. In den meisten Fällen erhält die Katze eine intravenöse Spritze mit einer tödlichen Schlafmitteldosis. Sie wirkt zuerst auf das Bewusstsein des Tieres. Es schläft ein und nimmt seine Umwelt nicht mehr wahr. Schließlich hört es auf zu atmen und stirbt.

Der letzte Liebesdienst. Lassen Sie Ihre Katze einschläfern, wenn sie unheilbar erkrankt ist und unter starken Schmerzen leidet.

Die letzte Ruhestätte. Eine Katze darf man im eigenen Garten bestatten. Einige wenige Bedingungen sind allerdings dabei zu beachten (→ rechts).

MIT DER TRAUER UMGEHEN

Der Tod einer Katze, die mit uns zusammengelebt hat, ist immer ein schmerzlicher Verlust. Der Stubentiger fehlt an allen Ecken und Enden. Ohne ihn ändert sich der gewohnte Tagesablauf. Es findet keine Morgenbegrüßung mehr statt und kein forderndes Miauen nach Futter, wenn die Mahlzeit nicht pünktlich serviert wurde. Man erinnert sich an die gemeinsamen »Gespräche« und gemütlichen Stunden mit Mieze, und man vermisst ihr Schnurren und die ausgelassenen Spielrunden. Besonders für Kinder ist der Verlust des tierischen Freundes manchmal ein regelrechter Schock. Sprechen Sie mit Ihren Kindern über den Tod. Erklären Sie ihnen, dass die Katze keine Vorstellung vom Tod und daher auch keine Angst vor ihm hat.

DIE KATZE BEERDIGEN

Wer einen Garten hat, darf seine Katze dort bestatten. Wer keinen eigenen Garten hat oder sein Tier dort nicht begraben möchte, kann es auf einem Tierfriedhof beisetzen oder in einem Tierkrematorium einäschern lassen.

Garten: Nach dem Tierkörperbeseitigungsgesetz ist die Bestattung einer Katze im eigenen Garten erlaubt. Eine behordliche Genehmigung ist dafür nicht nötig. Einige wenige Bedingungen sind jedoch einzuhalten:

- Nicht beerdigt werden dürfen Tiere, die an einer meldepflichtigen Krankheit gestorben sind. Dazu gehören zum Beispiel Tollwut oder Salmonellose.
- Das Grundstück darf nicht in einem Wasserschutzgebiet liegen.
- Es muss ein Abstand von mindestens einem Meter zur Grundstücksgrenze eingehalten werden.
- Das Grab muss mindestens 50 Zentimeter tief sein.

In freier Natur, einem Park oder Wald darf man sein Tier nicht bestatten. Verstöße werden mit einem Bußgeld von bis zu 20.000 Euro bestraft.

Tierfriedhof: Allein in Deutschland gibt es heute etwa 160 Tierfriedhöfe. Die Grabstelle kann oft schon vorher reserviert werden. Die Gesamtkosten für die Bestattung variieren je nach Lage des Tierfriedhofs, der Art der Bestattung (anonym oder einzeln), der Größe des Grabes, der Grabpacht für die Mindestliegezeit (2 bis 5 Jahre), dem Grabstein, der Grabbepflanzung und der Grabpflege. Auskunft erteilt der Bundesverband der Tierbestatter e. V. (→ Internetadressen, Seite 252).

Feuerbestattung: Die Einäscherung kann über die Tierarztpraxis erfolgen. Das Tier verbleibt dort, wird abgeholt und verbrannt. Bei einer Sammeleinäscherung erhalten Sie die Einäscherungsurkunde. Bei einer Einzeleinäscherung wird Ihnen die Urne mit der Asche per Post zugeschickt. Wer möchte, kann sich die Asche seines Lieblings auch zu einem Diamanten pressen lassen. Die Kosten variieren je nach Größe und Hersteller zwischen 1500 Euro und mehr als 13.000 Euro.

Gemütliche Stunden miteinander genießen

Ein leises Tapsen von Pfoten. Aus unergründlichen Augen schaut sie uns an. Geschmeidig springt sie auf unseren Schoß, rollt sich zusammen und schnurrt zufrieden. Ein wunderbares Glücksgefühl durchströmt uns ...

Warum Katzen uns guttun

Zu diesem Thema können Sie sicher selbst am besten Auskunft geben. Dennoch ist es interessant zu erfahren, was wissenschaftliche Studien belegen: Katzen und andere Heimtiere haben einen positiven Einfluss auf unsere Psyche und unsere Gesundheit. Wer Katzen hält, hat weniger Schlafstörungen und Kopfschmerzen. Das Streicheln der kleinen Tiger trägt zur Senkung unseres Blutdrucks bei und stabilisiert den Kreislauf. Stress, Anspannung und Alltagshektik sind dann vergessen. Katzen steigern unser Selbstwertgefühl. Wir werden gebraucht, denn Mieze schätzt uns als Sozialpartner oft mehr als Artgenossen. Ihre Liebe zu uns ist nicht an Bedingungen geknüpft. Katzen ist es gleich, ob wir alt, jung, schön, mit Gebrechen behaftet, arm oder reich sind. Wir können ihnen vertrauen, denn ihre Gefühle uns gegenüber sind echt. Und sie hören uns zu. Die Palette der Argumente, warum Katzen uns guttun, ließe sich noch um vieles mehr erweitern. Doch in diesem Kapitel soll es ja vor allem darum gehen, wie wir zusammen mit unseren Stubentigern gemütliche Stunden verbringen und was ihnen und uns gleichermaßen guttut. Zum Verwöhnprogramm gehören natürlich gemeinsame Spielrunden. Ausführliche Anleitungen dazu finden Sie ab Seite 192. Aber auch richtiges Streicheln (→ Seite 180), wohltuende Massagen, Katzengymnastik oder gemeinsam Musik hören tun gut.

Beneidenswert. Wer sich sicher und geborgen fühlt, kann sich völlig entspannen.

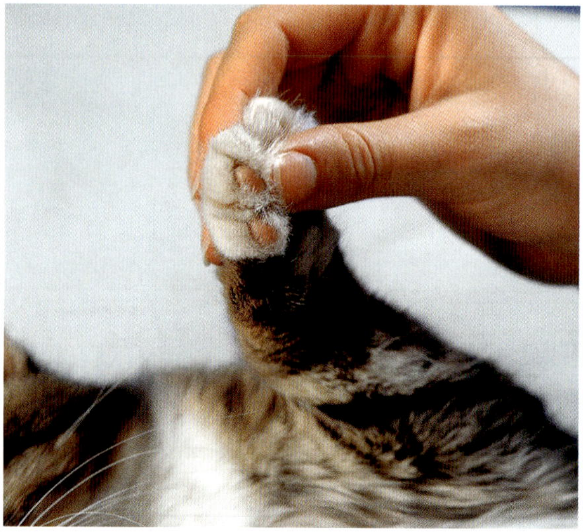

Pfotenmassage. Halten Sie die Pfote leicht zwischen zwei Fingern und kneten Sie sanft Miezes Sohlenballen. Das mögen viele Katzen.

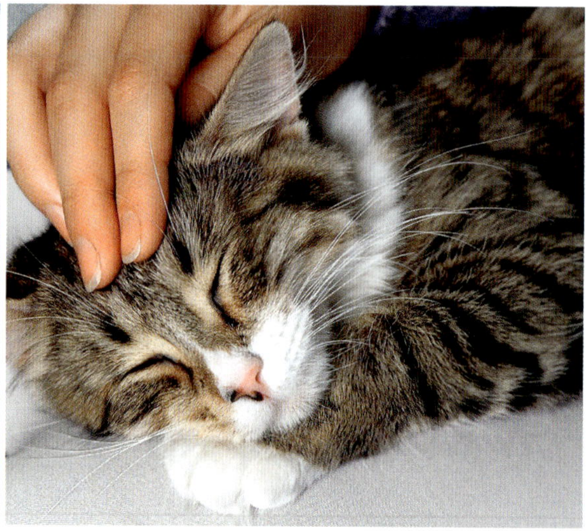

Behutsames Streicheln. Die Mehrzahl der Katzen, die mit ihrem Menschen vertraut sind, lieben es, zwischen den Ohren gestreichelt zu werden.

Kleiner Streichelkurs

Katzen, die mit uns zusammenleben, bleiben das ewige Kind. Während sie früher eng mit ihrer Mama verbunden waren, suchen die kleinen Tiger jetzt unsere Nähe und Berührungen. Wir sind für sie die Oberkatze (= Mutter), bei der sie sich zurück in ihre Kindheit versetzt fühlen. Auch das Streicheln erinnert an Kindertage, als ihnen Mama liebevoll das Fell leckte.

Streicheln geht unter die Haut Auf jedem Quadratmillimeter Katzenhaut wachsen 100 bis 200 Härchen. Jede einzelne Haarwurzel ist von empfindlichen Nervenzellen umgeben. Kein Wunder also, dass schon leichte Berührungen Mieze unter die Haut gehen. Manche Katzen sind geradezu schmusesüchtig, vor allem dann, wenn ihr Mensch das richtige Händchen für zarte Streicheleien hat und genau weiß, an welchen Körperstellen sein vierbeiniger Liebling gestreichelt werden möchte. Übrigens hat das Streicheln auch einen direkten Einfluss auf das Wohlbefinden der Katze: Die Muskeln entspannen sich, der Herzschlag wird langsamer, und die Verdauung wird angeregt. In Verbindung mit einem langsamen, gleichmäßigen Treteln der Vorderpfoten gegen unseren Bauch oder Oberschenkel fangen die meisten Katzen an zu sabbern. Das Treteln ist übrigens ein Relikt aus ihrer Kinderzeit, als sie mit ihren Pfötchen die Zitzen der Mutter kneteten, um deren Milchfluss zu stimulieren.

Wo Streicheln guttut In dieser Frage lassen sich nicht alle Stubentiger über einen Kamm scheren. Doch Mieze selbst wird Ihnen zeigen, was sie mag und was nicht. Wenn der Katze das Streicheln an bestimmten Stellen angenehm ist, entspannt sie sich und reckt uns diesen Körperteil entgegen.

Besonders beliebte Streichelstellen sind am Kopf, hinter den Ohren, unter dem Kinn und an der Stirn. Auch das Streicheln am Rücken und entlang der Flanken genießt die Mehrzahl der kleinen Tiger. Die Berührung am Schwanzansatz empfinden selbstbewusste Vertreter der Katzengesellschaft häufig als Zumutung, freundliche Katzen dagegen recken den Schwanz nach oben. Kritisch wird es bei der empfindlichen Bauchregion. Hier wehren sich viele Katzen reflexartig mit Treten, Kratzen oder Beißen.

Die richtige Streicheltechnik So mancher Katzenhalter erzählt, dass sein Stubentiger nichts von Streicheleinheiten wissen will. Das kann natürlich daran liegen, dass das Tier krank ist und ihm die Berührung wehtut. Aber häufig ist auch die falsche Streicheltechnik daran schuld.

- Streicheln Sie niemals gegen den »Strich«, sondern immer in Wuchsrichtung des Fells.
- Fahren Sie mit der flachen Hand, der gesamten Handfläche und leichtem Druck über das Fell. Nie mit »spitzen« Fingern in die Haut piksen.
- Ziehen Sie mit den Fingerkuppen langsam sanfte Bahnen durch das Fell.
- Kraulen Sie Mieze mit kleinen, kreisenden Bewegungen der Fingerkuppen an der Stirn, unter dem Kinn, hinter den Ohren und zwischen den Schultern.

Besser nicht Versuchen Sie nicht, Ihren kleinen Tiger zu streicheln, wenn er im Moment etwas ganz anderes vorhat. Vermeiden Sie, Stellen am Katzenkörper zu berühren, die Mieze sichtlich unangenehm sind, wie etwa den Bauch. Vermeiden Sie hektische Bewegungen während des Verwöhnprogramms. Das Tätscheln auf den Kopf oder das Hinterteil empfinden Katzen als unangenehm. Einen Pfotenhieb von einem Artgenossen auf den Kopf zu bekommen, gilt in Katzenkreisen als heftige Zurechtweisung.

NEUES AUS DER KATZENWELT: **SCHNURREN**

- Ihr Schnurren hat offenbar auch für die Katze selbst eine heilende Wirkung. Knochenbrüche heilen bei Mieze schneller als beispielsweise beim Hund.
- Wissenschaftler fanden heraus, dass das Schnurren und die dadurch ausgelöste Vibration einen positiven Einfluss auf den Heilungsprozess verletzter Knochen und Gelenke haben.
- Interessant sind auch Forschungsergebnisse, die belegen, was das Schnurren und Streicheln von Mieze in uns bewirkt. Dadurch wird die Ausschüttung von Endorphinen im menschlichen Gehirn angeregt, die das Schmerzempfinden verringern und den Stress abbauen.

Basics: Die Katze richtig hochheben und tragen

Tiffany, die gutmütige Familienkatze, fühlt sich in ihrem Zuhause eigentlich wohl. Nur um den sechsjährigen Markus macht sie lieber einen großen Bogen. Und das hat seinen Grund: Wenn der kleine Junge Tiffany hochhebt, packt er sie unter den Achseln und klemmt sie sich beim Herumtragen unter den Arm. Diese »Misshandlung« nimmt Tiffany übel. Hier müssen die Eltern ihrem Sprössling den richtigen Umgang mit der Katze beibringen.

Unvorbereitet gepackt und hochgehoben zu werden, hassen Katzen. Das wäre auf unsere Verhältnisse umgerechnet in etwa so, als würden wir plötzlich sieben Meter hoch in die Luft geschleudert. Wahrlich keine angenehme Vorstellung! Deshalb sollten Sie Ihren vierbeinigen Liebling immer mit einem angemessenen Ritual auf die »Luftfahrt« vorbereiten.

- Halten Sie Mieze zunächst Ihre Hand zur Duftkontrolle vor die Nase.
- Sprechen Sie mit freundlicher Stimme zu ihr.
- Gewöhnen Sie sich an, immer die gleichen Worte zu verwenden, bevor Sie sie hochnehmen, wie zum Beispiel »Komm hoch, Minka« oder »Auf, Rufus«. Dann weiß Ihr Stubentiger, was gleich folgt, und kann sich darauf einstellen.

DIE RICHTIGEN HANDGRIFFE

Zum Hochheben und Tragen einer Katze brauchen Sie beide Hände.

- Beim Hochheben stützt eine Hand das Hinterteil des Stubentigers, die andere umfasst seinen Brustbereich hinter den Vorderbeinen.
- Zeige- und Mittelfinger liegen dabei zwischen den Vorderbeinen. So können Sie Mieze sicher festhalten.

Richtiges Hochheben: Eine Hand stützt Miezes Hinterteil, die andere umfasst ihren Brustbereich hinter den Vorderpfoten.

Richtiges Tragen: Der Arm wird eng an den Körper gezogen, sodass die Katze in einer Mulde liegt. Eine Hand liegt auf ihrem Rückenfell.

• Beim Tragen wird der Unterarm eng an den Körper herangezogen, sodass Ihr kleiner Tiger sicher in einer Mulde liegt. Die andere Hand liegt zur Sicherheit auf dem Rückenfell.
Hinweis: Nehmen Sie nur eine freundlich gestimmte Katze auf den Arm. Wütende und ängstliche Tiere können Sie und sich selbst verletzen. Wenn Sie bemerken, dass Mieze genug vom Herumtragen hat, lassen Sie sie umgehend frei, denn Katzen verabscheuen jegliche Form des Zwangs. Und noch eines: Selbstverständlich darf eine Katze niemals am Nackenfell hochgezogen werden. Das tut ihr weh.

GEMEINSAM SPAZIEREN GEHEN?

Katzenhalter, die ihre Tiere ausschließlich in der Wohnung halten, stehen auch heutzutage im Kreuzfeuer der Kritik. Vorwürfe wie »Katzen brauchen ihre Freiheit« oder »Katzen in der Wohnung einzusperren, ist Tierquälerei« sind an der Tagesordnung. Dieser Ratgeber beweist das Gegenteil, denn auch die Wohnung kann zum spannenden Revier werden und den kleinen Tigern eine Menge Lebensqualität und vor allem auch ein langes Leben bieten.

Dennoch möchte jeder Katzenfreund für seinen vierbeinigen Liebling das Allerbeste. Und da liegt es nahe zu überlegen, ob man seiner Wohnungskatze nicht ausgedehnte Naturerlebnis-Spaziergänge gönnen soll. Schließlich gibt es ja im Fachhandel spezielle Brustgeschirre und Leinen für Katzen zu kaufen. Von klein auf daran gewöhnt, mögen das sogar manche Katzen dulden, doch Katzenart, beim Spazierengehen wie ein Hund »Bei Fuß« zu laufen, ist es nicht. Aber bringt es den kleinen Jägern wirklich etwas, wenn sie die Leine spüren und feststellen, dass ihre Freiheit eingeschränkt ist? Muss Mieze nicht geradezu einen Schock bekommen, wenn plötzlich ein fremder Hund vor ihr auftaucht? Wie verkraftet sie den ungewohnten Lärm der fahrenden Autos oder der vorbeiratternden Straßenbahn? Schadet es der behüteten Wohnungskatze also nicht eher, sie mit so vielen neuen Eindrücken zu überfluten? Alles Fragen, die nur die Katze selbst beantworten kann. Nach allem, was wir von ihr wissen, fühlt sie sich aber auch in einer katzengerecht strukturierten Wohnung äußerst wohl und scheint nichts zu vermissen – auch keine Spaziergänge draußen an der Leine.

Wohltuende Massagen

Auf die meisten von uns haben fachgerechte Massagen eine wunderbare Wirkung. Sie lockern Muskeln, lösen Verspannungen und lindern Schmerzen. Sie helfen bei stressbedingten Problemen wie Kopfschmerzen, Schlaflosigkeit, Unruhe und kurbeln sehr gut den menschlichen Stoffwechsel an. Auch viele Katzen sind – wie ihre Halter bestätigen – bekennende Massageanhänger. Probieren Sie doch einfach mal aus, ob Ihr Minitiger auf Körper-, Ohr- und Pfotenmassagen steht oder solche Art von Verwöhnprogramm lieber abrupt beendet.

Die richtige Massagetechnik Katzenmassagen setzen sehr viel Einfühlungsvermögen von Ihnen voraus. Hier einige Tipps dazu:

- Beginnen Sie mit der flachen, ganz aufgelegten Hand und leichtem Druck, den Körper Ihres Stubentigers auszustreichen.
- Massieren Sie nun Mieze mit den flach aufgelegten Fingerkuppen des Zeige- und Mittelfingers vom Nacken bis zur Schwanzwurzel mit kleinen, kreisenden Bewegungen entlang der Wirbelsäule.

EXPERTIN KATZE

WAS KATZEN ZUM THEMA MUSIK MEINEN

Balu erzählt von seinen Vorlieben.

Was bedeutet dir Musik?

Sehr viel, denn dabei kann ich herrlich entspannen und träumen. Ich liebe leise, ruhige Lieder und Melodien. Sehr gern höre ich Klänge aus der Natur, etwa wie die Bäume rauschen, das Wasser gluckert und die Vögel zwitschern. Aber ich mag auch klassische Musik. Am Wochenende, wenn Andreas daheim ist, liegen wir beide oft nachmittags gemeinsam mit geschlossenen Augen auf der Couch und genießen wunderbare Konzerte. Ich spüre direkt, wie der Stress von Andreas abfällt. Seine Hand streichelt zart über mein Fell, und er krault mich sanft hinter den Ohren. Mein Dauerschnurren signalisiert Andreas, wie gut mir das gefällt.

Gibt es Musik, die du nicht magst?

Dazu ein kleines Erlebnis. An diesem herrlichen Frühlingstag war das Fenster weit geöffnet. Ich lag dösend auf dem Sessel, während Andreas in der Küche hantierte. Plötzlich ertönte direkt unter unserem Fenster ein Höllenlärm. Vor lauter Schreck verschwand ich unter dem Schrank. Andreas kam aus der Küche gestürmt und schloss das Fenster. Er ahnte, dass ich mich furchtbar erschreckt hatte. Als er mich unter dem Schrank entdeckte, lachte er und sagte: »Balu, das war doch nur eine Blaskapelle.« Jetzt wusste ich, welche Art von Musik mir überhaupt nicht gefällt, wie übrigens jede aggressive, laute und harte Musik. Solche Töne lösen bei mir Panik aus.

Satt und zufrieden, ein warmer, weicher Schlafplatz, leise Musik und der vertraute Mensch in der Nähe. Was will man mehr?

- Bei der Ohrmassage werden die Ohren von der Ohrwurzel bis zur Spitze leicht mit den Fingern geknetet.
- Bei der Pfotenmassage kneten Sie mit zwei Fingern die empfindlichen Pfotenballen (→ Foto, Seite 180).

Hinweis: Therapeutische Massagen wie Akupressur, Tellington TTouch oder Reiki können sogar Heilungsprozesse bei Krankheiten fördern. Lassen Sie sich hier von einer Fachfrau/einem Fachmann unterrichten. Falsche Handgriffe können eher schaden als nützen.

Katzengymnastik

Katzen beherrschen den Wechsel von Anspannung zu Entspannung perfekt. Etwa mit der Katzenbuckelübung machen Sie es ihr nach. Begeben Sie sich auf den Boden und gehen Sie in den Vierfüßlerstand: Arme durchgedrückt, Kopf, Rücken und Po auf einer Linie. Dann Kopf zwischen die Arme, Bauch einziehen, Buckel machen und wieder entspannen. Das tut Ihrem Rücken gut, und Mieze freut sich, mit Ihnen auf Augenhöhe zu sein.

TIPPS & TRICKS

Streichelbereit ist Ihre Katze, wenn sich Mieze vor Ihnen auf den Rücken rollt. Das heißt so viel wie: »Ich fühle mich wohl. Spiel mit mir oder streichle mich.« Allerdings signalisieren so rollige Kätzinnen auch ihre Bereitschaft zum Liebesspiel.

Mir geht's soooo gut!

Amelie und ihr Frauchen pflegen ein enges Verhältnis. Wohlig ausgestreckt liegt die Kätzin auf der Decke und macht schnurrend rhythmische Tretelbewegungen. Dieses »Babyverhalten« gegenüber dem Menschen heißt übersetzt: Ich fühle mich unendlich wohl bei dir und vertraue dir vollkommen.

Acht Ideen für Wohlfühlenergie

Schmusekisschen

Es gibt sie mit getrockneten Katzenminze- oder Baldrianblättern gefüllt zu kaufen. Doch sie sind auch im Nu selbst gebastelt. Zum Füllen eignen sich beispielsweise auch Melisse, Lavendel, Basilikum oder Vanille. Aber auch Ihre alte getragene Socke kann Mieze zum Lieblingskuschelobjekt erklären.

Trinkbrunnen

Dieses Modell finden Sie unter der Bezeichnung »WaterFall Premium Trinkbrunnen« im Fachhandel. Der Brunnen hält, was er verspricht: Er ist leicht zu reinigen, leise, hat einen integrierten Schmutzfilter und ein Fassungsvermögen von 2,4 Liter. Er animiert nicht nur zum Trinken. Die ein oder andere Mieze entdeckt hier auch noch faszinierende Spielmöglichkeiten.

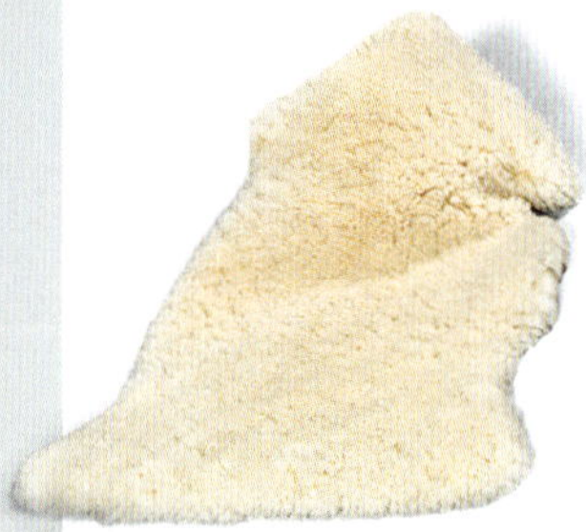

Lammfell

Kleine und große, alte und junge Miezen lieben solch ein kuscheliges Fell gleichermaßen. Es sorgt zum Beispiel auf der Fensterbank für einen wunderbar warmen Beobachtungs- und Ruheplatz. Entscheiden Sie sich für ein waschbares Baby-Lammfell, auch wenn dieses etwas teurer ist als ein normales Lammfell.

»Music for Cats«

Leise, sanfte Musik hat auch auf Katzen eine beruhigende Wirkung. Eine eigens für Katzen komponierte Musik hat der amerikanische Proficellist David Teie unter dem Namen »Music for Cats« aufgenommen.

Salzsteinlampe

Die Wirkung von Salzkristallen hilft, das Raumklima zu verbessern. Das angenehme Licht dieser Lampen in den natürlichen Farbtönen von Weiß bis Orange soll einen aufmunternden und entspannenden Einfluss auf Mensch und Tier haben und die körperlichen Abwehrkräfte unterstützen.

Heilsteine

Sogenannte Heilsteine sollen eine energetische Ausstrahlung haben. Im Quarzsand liegen: Rosenquarz für Herzenergie, Aventurin für Entspannung und Lapislazuli für Aufmerksamkeit und Ruhe. Vielleicht möchten Sie ja einmal ausprobieren, ob Ihr vierbeiniger Liebling darauf reagiert.

Energiespirale

Wohlfühlenergie im Raum. Durch ihre Schwingungen soll die Energiespirale eine positive Energieaufladung bewirken. Energiespiralen werden in den verschiedensten Ausführungen zum Teil recht teuer angeboten. Doch Sie können auch selbst eine Spirale bauen. Ausführliche Bauanleitungen finden Sie im Internet.

Kleine Zöpfe

Sie sind aus einem ausrangierten T-Shirt entstanden. Schneiden Sie einige etwa 30 Zentimeter lange Streifen aus dem Shirt. Verknoten Sie die Streifen zunächst an einem Ende, dann Zopf flechten und am unteren Ende verknoten. Fertig ist ein Spielzeug, das Mieze leicht durch die Gegend kicken kann und das nach ihrem vertrauten Menschen riecht.

Sind Sie und Ihre Katze ein Dream-Team?

Die Basis für das erfolgreiche Harmoniekonzept von Mensch und Katze müssen wir schaffen. Dazu gehört, sich über das Wesen, die Bedürfnisse und Ansprüche der kleinen Tiger zu informieren. Testen Sie hier, was Sie aus dem vorangegangenen Kapitel behalten haben.

1. Was ist für die Haltung von Wohnungskatzen besonders wichtig?

C ☐ Dass die Wohnung über einen gesicherten Garten verfügt.
B ☐ Die Größe der Wohnung.
A ☐ Die Struktur ihres Lebensraums.

2. Wie groß sollte das Wohnungsrevier für eine Katze mindestens sein?

A ☐ 2-Zimmer-Wohnung mit Balkon.
B ☐ 4-Zimmer-Wohnung.
C ☐ 1-Zimmer-Apartment mit Balkon.

3. Worauf ist bei der Auswahl einer Wohnungskatze vor allem zu achten?

C ☐ Auf die Rasse.
B ☐ Auf den Charakter des Tieres.
A ☐ Dass die Katze gut sozialisiert ist.

4. Wer ist das größte Vorbild für ein Katzenkind?

A ☐ Seine Mutter.
B ☐ Seine Geschwister.
C ☐ Mutter und Vater.

5. Was bedeutet es, wenn die Katze mit den Augen blinzelt?

A ☐ In der Katzensprache entspricht dies einem freundlichen Lächeln.
B ☐ Mieze will auf sich aufmerksam machen.
C ☐ Die Katze ist von der Sonne geblendet.

6. Wer verträgt sich in der Regel von Anfang an problemlos miteinander?

C ☐ Eine alte und eine junge Katze.
A ☐ Zwei junge Katzen, am besten Geschwister.
B ☐ Zwei ältere Katzen.

7. Worauf sollten Sie bei Fertigfutter unbedingt achten?

A ☐ Auf einen hohen Eiweißanteil.
B ☐ Darauf, dass es nicht zu viele Kalorien enthält.
C ☐ Auf einen hohen pflanzlichen Anteil.

8. Warum brauchen Katzen Katzengras oder Malzpasten?

C ☐ Damit der Kot härter wird.
B ☐ Damit der Kot weicher wird.
A ☐ Um verschluckte Fellhaare zu erbrechen.

9. Wie lernt eine junge Katze Putzverhalten?

C ☐ Sie schaut es sich von anderen Katzen ab.
B ☐ Sie ahmt das Verhalten ihrer Mutter nach.
A ☐ Das Putzverhalten ist angeboren.

10. Was ist oft ein eindeutiges Krankheitsanzeichen?

A ☐ Ein verändertes Verhalten.
C ☐ Anhaltendes Schnurren.
B ☐ Lautes Miauen.

11. Was ist bei der Fütterung der Katze mit Trockenfutter zu beachten?

B ☐ Es muss der Katze immer zur Verfügung stehen.
C ☐ Es verdirbt schnell.
A ☐ Die Katze muss viel trinken.

12. An welcher Körperregion lassen sich viele Katzen nur ungern streicheln?

B ☐ An den Flanken.
A ☐ Am Bauch.
C ☐ Am Kopf.

13. Was zählt zu den gesunden Leckerbissen?

B ☐ Ein Schälchen Milch.
C ☐ Ein rohes Eiweiß.
A ☐ Hüttenkäse.

AUSWERTUNG: Zählen Sie zusammen, wie häufig Sie die Buchstaben A, B oder C in Ihren Antworten finden. Vorwiegend A, B oder C hat folgende Bedeutung:

A

Sie haben bei allen Fragen die Antwort A angekreuzt? Herzlichen Glückwunsch! Sie haben bereits eine wunderbar harmonische Beziehung zu Ihrer Katze aufgebaut. Sie kennen sich mit dem Wesen und den Ansprüchen der kleinen Tiger bestens aus und wissen genau, was gut für sie ist. Selbst wenn Sie ein- oder zweimal die Antwort B oder C gegeben haben, ist Ihr Wissen zur artgerechten Haltung von Wohnungskatzen durchaus beachtlich.

B

Sie sind vielleicht der Meinung, Ihre Katze gut zu kennen, und möchten gern alles im Umgang mit ihr richtig machen. Doch Ihr Wissen ist noch lückenhaft. Beschäftigen Sie sich weiterhin eingehend mit dem Wesen der Katze und ihren artgerechten Haltungsbedingungen. Dann wird aus Ihnen und Ihrem kleinen Tiger schon bald das Dream-Team, das Sie sich wünschen.

C

Sie haben sich leider noch nicht sehr intensiv mit dem Wesen der Katze und ihren Haltungsansprüchen auseinandergesetzt. Mit diesem lückenhaften Wissen sind Probleme in der Beziehung zwischen Ihnen und Ihrer Katze vorprogrammiert. Verhaltensprobleme und sogar Krankheiten der Katze entstehen häufig durch Fehler, die wir im Umgang mit ihr machen. Das sollte Ihnen bewusst sein. Der Weg zu einem Dream-Team Mensch–Katze ist noch weit, aber mit gutem Willen nicht unerreichbar.

Spiel, Spaß, Spannung – ein bunter Alltag

Das Wohnungsleben kann so aufregend sein: klasse Spielzeug, Spielrunden mit Oberkatze Mensch, ein neuer Duft oder »Jäger und Gejagter« mit dem Katzenpartner spielen. Langeweile – was ist das?

Tolle Jobs für arbeitslose Jäger

Die Jagd steht im Mittelpunkt des Katzenlebens. Auch Wohnungskatzen brauchen aufregende Jagderlebnisse, die Miezes angestaute Energie in die richtige Bahn lenken, sie fit halten und für eine ausgeglichene Psyche sorgen.

Verschiedene Spielernaturen

Es verblüfft immer wieder zu hören, welche Vorlieben und Eigenarten Katzen beim Spielen entwickeln. Da outet sich Mischa als Gummifetischist, Pussy bevorzugt Weinkorken als Lieblingsspielzeug – aber nur die einer bestimmten Sorte. Tom vergnügt sich am liebsten mit Luftschlangen, und Mimi reibt sich gern an ihrer kleinen Stoffpuppe, die sie überall mit hinschleppt. Dennoch lassen sich einige Spielertypen herauskristallisieren.

Die Draufgänger Dieser selbstbewusste Katzentyp ist kaum zu bremsen. Er fürchtet sich vor nichts. Neues Spielzeug – gleich welcher Art – wird sofort in Beschlag genommen. Der Draufgänger braucht besonders viel Anregung und Beschäftigung. Je wilder ein Spiel zu zweit, desto besser.

Die Ängstlichen Sie sind zurückhaltend, sehr empfindsam und bevorzugen ein ruhiges Zuhause. Alles Neue wird mit Skepsis betrachtet. Vor großem, lautem Spielzeug, das womöglich noch auf sie zuläuft, ergreifen sie entsetzt die Flucht. Für sie sind zum Beispiel kleine, leichte Zöpfe, die Sie aus Ihrem ausrangierten T-Shirt basteln, das Richtige (→ Foto, Seite 189). Für wilde Spiele sind solche Katzen nicht zu haben.

Die Kreativen Banale Stoffmäuschenjagden sind gar nicht ihr Ding. Sie brauchen die Herausforderung. Wenn schon Jagd, dann bitte mit Anspruch. Zum Beispiel: »Wie komme ich an die Beute, die in der Schachtel

Ein fest verankertes dickes Tau nutzen vor allem kleine Katzen gern zum Austoben.

liegt (→ Foto, Seite 224)?« Auch Fummelbretter stehen hoch im Kurs (→ Fotos, Seite 216, 220, 225). Bei gemeinsamen Spielen müssen Sie sich ordentlich ins Zeug legen, um Mieze nicht zu langweilen.

Die Gemütlichen Es ist nicht leicht, sie hinter dem Ofen hervorzulocken. Spielzeug, das schon längst in »aller Katzenmunde« ist, interessiert diese Katzen rein gar nicht. Katzenrassen wie Perser, Britisch Kurzhaar und Exotisch Kurzhaar gelten als besonders gemütlich. Ärgern Sie sich also nicht, wenn Sie das tolle neue Spielzeug erst mal unter »Fehlkauf« verbuchen müssen. Irgendwann findet auch Ihr spielresistenter Liebling das Richtige für sich. Animieren Sie Ihren Couch-Potato dennoch beharrlich weiter zu einem gemeinsamen Spielchen. Das festigt die Bindung zueinander.

Eigentlich sollte der selbst gemachte Wollbommel den Kratzbaum zieren. Doch der Kater zieht Bodenspiele vor.

Das Höchste: »Mensch, spiel mit mir!«

Rosalie und Isabella warten im offenen Flurregal. Endlich dreht sich der Schlüssel im Schloss, und Tanja kommt herein. Mit zärtlicher Stimme begrüßt sie ihre beiden Racker von Nase zu Nase – ganz Katzenart, versteht sich. Die beiden Katzen lieben dieses tägliche Ritual und vor allem das, was danach kommt. Tanja holt die Katzenangel aus dem Schrank ...

Spielen mit Oberkatze Mensch ist für Wohnungskatzen das A und O. Nehmen Sie sich täglich möglichst insgesamt eine Stunde Zeit.

- Besonders artgerecht sind Spielrunden vor der Abendfütterung. In der Natur jagen Katzen vor allem in den frühen Abendstunden. Jetzt sind auch viele Wohnungskatzen besonders energiegeladen. Verführen Sie jedoch Ihren Stubentiger nie direkt nach seiner Mahlzeit zu einem Spielchen.
- Eine Spielsequenz sollte wenigstens 15 Minuten dauern, damit die Katze ihr Jagdfieber genügend ausleben kann.
- Begeben Sie sich zum Spielen auch hin und wieder auf den Boden. Katzen schätzen es, mit dem Menschen auf gleicher Augenhöhe zu sein.

Interessant wird Beute erst, wenn sie sich vor der Katze bewegt. Es genügt nicht, ihr einfach das Stoffmäuschen vor die Nase zu halten.

- Spannung aufbauen. Rufen Sie Ihre Katze mit lockender Stimme und zeigen Sie ihr die »Beute«. Bewegen Sie diese langsam vor ihr hin und her. Lassen Sie Ihrem kleinen Jäger Zeit zum Lauern und Anschleichen.
- Spannung erhöhen. Jetzt wird die »Beute« immer schneller. Sie bewegt sich ruckartig vor und zurück, seitwärts, im Zickzackkurs, über den Stuhl, die Couch, unter der Decke oder den Teppichfalten. Mieze verfolgt fasziniert die Beute und macht mit Feuereifer Jagd auf sie.
- Spannung abbauen. Nach der aufregenden Jagd darf die Katze die Beute fangen und sich daran abreagieren. Andernfalls ist das Tier frustriert.

TEST: Spielteufel oder Sofatiger?

Wie sieht's denn mit Miezes Kondition aus? Dieser kleine Test gibt Ihnen die Antwort darauf.

		JA	NEIN
1.	Geht die Aufforderung zum Spiel häufig von Ihrem kleinen Tiger aus?	•	•
2.	Bringt die Katze immer wieder Spielzeug herbei und legt es Ihnen vor die Füße?	•	•
3.	Jagt die Katze unermüdlich zum Beispiel Lichtpunkten des LED-Pointers oder eines Taschenspiegels hinterher?	•	•
4.	Erinnert Sie Mieze daran, dass jetzt Spielzeit ist, wenn Sie einmal nicht daran gedacht haben?	•	•
5.	Sie haben 10 Minuten intensiv mit Ihrer Katze gespielt. Möchte sie unbedingt weiterspielen?	•	•
6.	Versteckt sich Ihr Stubentiger gern zum Beispiel hinter dem Vorhang, um Sie dann plötzlich aus dem Hinterhalt zu »überfallen«?	•	•
7.	Ist Mieze kaum noch zu bremsen, wenn Sie sich anschicken, die Katzenangel hervorzuholen?	•	•
8.	Hat Ihre Katze Spaß daran, kleine Kunststücke zu trainieren, wie zum Beispiel das Springen von Stuhl zu Stuhl?	•	•
9.	Wenn Sie beispielsweise mit Papier rascheln, kommt Ihre Katze umgehend neugierig herbei?	•	•
10.	Sucht sich Ihr Stubentiger auch gern selbst etwas zum Spielen, das er durch die Gegend kickt und dem er hinterherjagt?	•	•
11.	Läuft Ihnen Ihre Katze durch die Wohnung nach, um beharrlich ihren Spielwunsch durchzusetzen?	•	•
12.	Rast Mieze manchmal wie von der Tarantel gestochen durchs Zimmer oder gar die Wand hoch?	•	•

Auflösung: 10- bis 12-mal »Ja«: Ihr kleiner Tiger strotzt vor Energie und braucht Auslastung. Schwingen Sie regelmäßig die Katzenangel und bieten Sie Mieze Powerspiele wie zum Beispiel Katzensquash und Lichtpunkte fangen (→ Seite 203).
6- bis 9-mal »Ja«: Die Kondition ist zwar nicht die beste, aber immer noch okay. Wechseln Sie zwischen ruhigen und anregenden Spielen ab.
0- bis 5-mal »Ja«: Hat Ihre Katze Fettpölsterchen angesetzt und ist zum Couch-Potato avanciert? Dann wird es Zeit für ein kleines Fitnessprogramm. Steigern Sie Miezes Kondition behutsam in kleinen Schritten.

Jagen: »Der mit der Maus tanzt« – kleiner Jäger auf leisen Sohlen

Geduckt lauert Samira hinter der Blumenstaude. Gebannt beobachtet sie, wie das Mäuschen über den Rasen huscht. Den Bauch fast auf den Boden gepresst, schleicht die Kätzin näher an ihr Opfer heran. Ihre Pupillen sind vor Erregung geweitet, die Schwanzspitze zuckt. Sie tretelt mit den Hinterpfoten auf der Stelle, bevor sie zum Sprung ansetzt und sich auf die Maus stürzt. Mit einem Biss in den Nacken ist es um die Maus geschehen.

Katzen müssen jagen. Der Jagdtrieb ist ihnen angeboren. Die richtige Technik bringt ihnen Lehrerin Mutter bei. Schon ab etwa ihrer siebten Lebenswoche trainieren die Kleinen mit Mama für den Ernstfall: erfolgreich Beute machen, um sich möglichst satt durchs Leben zu schlagen. Jagen und Beute fangen stehen im Mittelpunkt eines Katzenlebens – auch bei Wohnungskatzen. Die verschiedenen Jagdtechniken werden von klein auf geübt und später immer mehr verfeinert. So gibt es im Katzenvolk wahre Meisterfänger, aber natürlich auch solche, die weniger geschickt sind.

MEHRERE JAGDTECHNIKEN

Frei lebende Katzen ernähren sich hauptsächlich von Mäusen, jedoch auch von Vögeln und Fischen (→ Seite 146). Alle drei Beutetierarten leben in unterschiedlichen Elementen: auf dem Boden, in der Luft und im Wasser. Das erfordert unterschiedliche Jagdtechniken von den kätzischen Jägern.

DAS MAUSANSCHLEICHEN

Bereits ab ihrer siebten Lebenswoche üben die Katzenkinder das Lauern, Sichducken, Anschleichen, den gezielten Sprung auf die Beute und das Packen der Maus.

Das frische Moos duftet wunderbar. Irgendetwas raschelt darin. Krabbelt da vielleicht ein Käfer? Das muss Felix näher untersuchen.

Felix geht der Sache auf den Grund, selbst wenn dafür sein Kopf bis zum Hals im Moos verschwindet. Was er gefunden hat, verrät er nicht.

Anfangs hält die Schwanzspitze der Mutter für die Youngster als Beuteersatz her. Später bringt die Katzenmutter echte Beutetiere von ihren Ausflügen mit und zeigt ihren Kindern, wie sie damit umgehen müssen. Die kleinen Katzen beobachten ihre Mama aufmerksam. Schon bald sind sie selbst in der Lage, erfolgreich zu jagen.

- In der Wohnung: Auch in ihrem Wohnungsrevier will die Katze das Mäuschen fangen. Sie muss ihre aufgestaute Energie loswerden. Mieze kickt mit Begeisterung leichte Spielzeuge wie etwa eine Stoffmaus, einen Papier- oder Pingpongball mit den Pfoten vor sich her, schleudert sie in die Luft und stürzt sich darauf, als hätte sie eine lebende Beute zwischen den Pfoten. Besonders faszinierend findet die Katze »Beute«, die sich vor ihren Augen bewegt. Wandert zum Beispiel ein Korken in Ihrer Hand unter der Decke umher oder bewegen Sie eine Stoffmaus am Faden von ihr weg, löst dies auf der Stelle Jagdfieber bei Ihrem Stubentiger aus.

DAS VOGELABSCHLAGEN

Um einen Vogel zu erbeuten, muss Mieze eine andere Taktik anwenden. Auch hier lauert sie zunächst geduckt und beobachtet, bevor sie näher an ihre Beute heranschleicht. Die Jagd endet schließlich in einem akrobatischen Hochsprung und einem gezielten Tatzenhieb. So wird der getroffene Vogel auf den Boden befördert.

- In der Wohnung: Im Zoofachhandel finden Sie viele Spielzeuge, die den Stubentiger auf Vogeljagd schicken. Es gibt beispielsweise Bällchen und Federn an hüpfenden Gummischnüren, die in den Türrahmen geklemmt werden (→ Seite 227). Auch eine herabschwebende Feder zieht Mieze in Bann, wie Sie es bei Mika auf Seite 206 und 207 miterleben können. Wenn Sie die Katzenangel schwingen, hat Ihr kleiner Tiger ebenfalls das Vogelfangfeeling.

DAS FISCHEANGELN

Einen Fisch aus dem nassen Element an Land zu befördern, ist für den kleinen Jäger nicht so einfach. Die Katze wartet, bis der Fisch nahe an der Wasseroberfläche schwimmt. Dann schleudert sie ihn mit gezieltem Tatzenhieb rückwärts über die Schulter, dreht sich blitzschnell um und packt ihn.

- In der Wohnung: Damit Mieze auch diese Technik in ihrem Wohnungsrevier trainieren kann, können Sie ihr zum Beispiel eine wassergefüllte Schüssel mit zwei oder drei Pingpongbällen zur Verfügung stellen (→ Fotos, Seite 38/39). Zugegeben, Ihr Parkett oder Teppichboden wird darunter leiden. Doch vielleicht machen Ihnen die Wasserpfützen auf dem Balkon oder auf dem Fliesenboden weniger aus.

Acht interessante Katzenspielzeuge

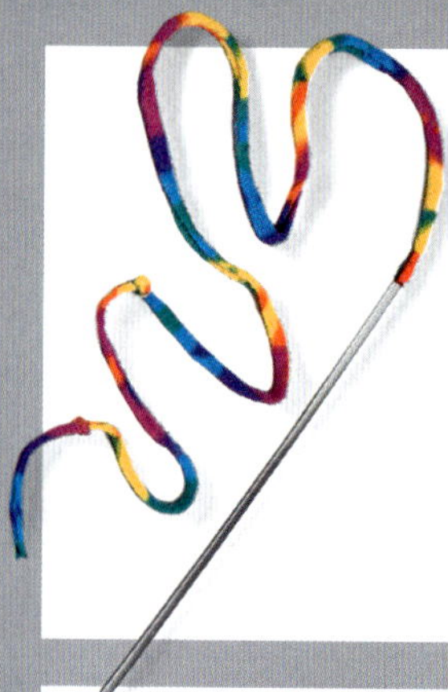

»Cat Charmer«

Wenn sich die dehnbare Fleeceschlange über den Boden, den Stuhl oder die Couch schlängelt, ist Miezes Jagdfieber geweckt. Damit der Stubentiger nicht die Lust an der Jagd verliert, muss diese natürlich erfolgreich für ihn enden. Ein Spielzeug, das immer attraktiv ist, wenn es hervorgeholt wird.

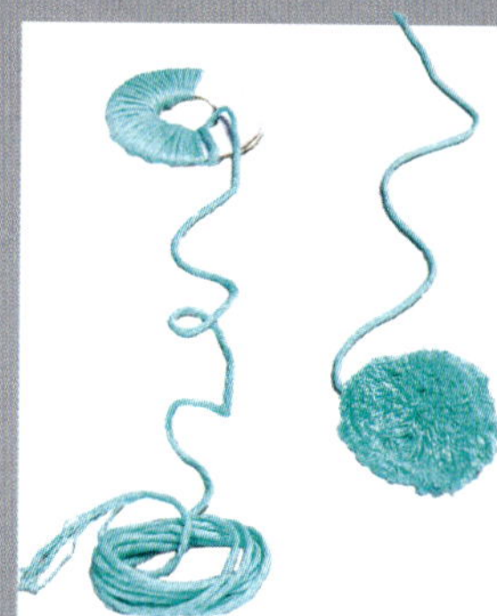

Wollbommel

Zwei Pappkreise ausschneiden und in der Mitte zwei Innenkreise herausschneiden. Aufeinanderlegen, alles eng mit Wolle umwickeln und am Rand rundherum mit einer Schere aufschneiden. Pappe leicht auseinanderziehen und fest mit einem langen Faden abbinden. Pappkreise abziehen. Fertig!

»Squieky«

Der Federball mit Maus hat einen eingebauten Mikrochip, der bei Berührung ein lautes Gezwitscher ertönen lässt. Die einen Miezen lieben Squieky, die anderen lassen ihn links liegen. Das jedenfalls kam bei unserem Test heraus. Doch uns selbst ging der Sound mit der Zeit auf die Nerven. Die Frage ist: Wie tolerant sind Sie?

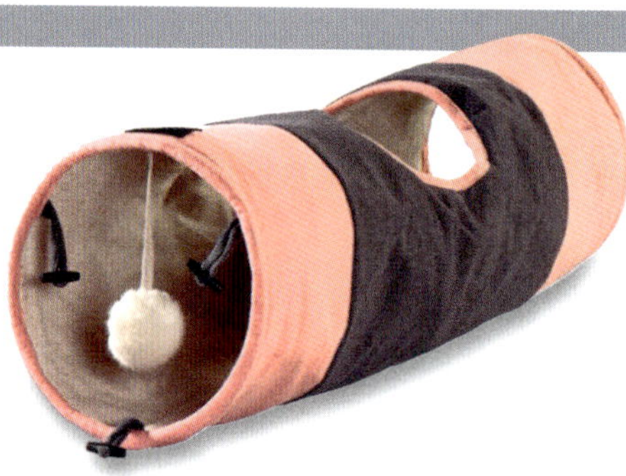

Rascheltunnel

Alle kätzischen Teilnehmer hatten Spaß mit dem knisternden Rascheltunnel. Sie lieferten sich wilde Verfolgungsjagden durch den etwa 90 Zentimeter langen Tunnel, nutzten ihn aber auch gern als Versteck.

Wasser-Spielmatte

Die darin schwimmenden Teile sollen den Jagdtrieb der Katze anregen. Tatsächlich beschäftigten sich unsere Miezen eine ganze Weile damit. Doch als sie merkten, dass nichts Greifbares zu erbeuten war, erlosch ihr Interesse recht schnell.

»Da Bird«

Die ultimative Katzenangel. An einer dünnen langen Schnur hängen Federn mit kleinen Gewichten. Beim Schwingen flattert der »Vogel« in unvorhersehbare Richtungen. Ihr kleiner Tiger wird begeistert sein.

Korkkette

Basteln Sie aus Wein- und Sektkorken eine Attraktion für Miezes Kratzbaum. Sie brauchen eine Paketschnur, Korken und einen dünnen Metallspieß oder Schraubenzieher zum Löcherbohren. Korken einzeln auffädeln und vor und hinter dem Loch mit einem Knoten fixieren. So können Sie auch den Abstand regulieren.

Kleine Filzbälle

Diese sogenannten Soundballs bestehen aus 100 Prozent natürlicher Filzwolle und haben im Inneren ein dezentes Glöckchen. Unsere Katzen fanden sie unwiderstehlich, was man den Bällchen allerdings nach ausgiebigen Tests ziemlich schnell ansah.

Spiele zum Austoben

Mit dieser kleinen Spielauswahl treffen Sie bestimmt den Geschmack Ihres Stubentigers. Aber Achtung! Drosseln Sie für Katzensenioren unbedingt das Spieltempo. Überfordern Sie Jungkatzen nicht mit zu langen Spielzeiten. Die Kleinen spielen nämlich bis zum Umfallen. Und jetzt geht's los!

Die Katzenangel Der Zoofachhandel bietet eine schier unüberschaubare Auswahl an Katzenangeln. Besonders hervorzuheben ist eine Angel mit dem Namen »Da Bird« (→ Foto, Seite 201). Katzenangeln können Sie natürlich auch ganz einfach selbst basteln. Dazu brauchen Sie lediglich einen dünnen biegsamen Zweig oder einen Plastikstab, eine Schnur und ein Beuteobjekt wie etwa einen Korken, ein Fellmäuschen oder ein Papierbällchen. Ganz toll finden Stubentiger den »Cat Dancer«. Das preiswerte Katzenspielzeug besteht aus einem dünnen, etwa 90 Zentimeter langen Draht mit Pappröllchen am Ende. Indem Sie den Draht leicht zwischen Daumen und Zeigefinger halten, bringen Sie ihn zum Schwingen, und die Pappröllchen beginnen zu »tanzen«. Auch Bänder jeglicher Art, die sich schlängelnd über Sofa oder Teppich fortbewegen, fachen das Jagdfieber an.

Geduldsprobe. Die Katze lauert äußerst gespannt auf den richtigen Moment, um sich auf die Beute zu stürzen.

Achtung: Katzenangeln und Bänder immer nach dem Spiel wegräumen. Ohne Aufsicht kann die Katze Teile verschlucken, sich darin verheddern, Gließmaßen abschnüren oder sich gar strangulieren.

Lichtpunkte fangen Mithilfe einer Taschenlampe oder eines Taschenspiegels, der die Sonnenstrahlen einfängt, können Sie Lichtpunkte durch das Zimmer laufen lassen. Auf der Jagd nach den Lichtpunkten rennen die kleinen Tiger sogar senkrecht die Wand hoch. Die Strahlen des sogenannten Laserpointers dagegen sind nicht ungefährlich. Bei Direkteinstrahlung ins Auge kann er Netzhautschäden bei Tier und Mensch verursachen. Empfehlenswerter sind zum Beispiel LED-Pointer aus dem Zoofachhandel. Allerdings frustet dieses Spiel die Katze auch, denn die Lichtpunkte lassen sich nicht fangen. Lenken Sie deshalb am Ende des Spiels den Punkt auf etwas Greifbares wie etwa die Fellmaus auf dem Boden.

Katzensquash Werfen Sie Pingpongbälle gegen die Wand oder kleine Softbälle – in die kann Katze sogar genüsslich ihre Krallen schlagen. Ihr Katzensportler muss die Bälle fangen. Seine akrobatischen Sprungeinlagen sind Weltklasse. Dieses Spiel hat für Katzen Suchtpotenzial.

Flugzeuge fliegen und Federn schweben lassen Als Kinder haben wir Papierflugzeuge gebastelt und anschließend ausprobiert, welches Flugzeug am längsten in der Luft bleibt. Werden Sie jetzt für Ihre Wohnungskatze zum Flugzeugbauer. Ihr Stubentiger wird den Flieger nur zu gern vom Himmel holen. Herabschwebende Vogelfedern, die Sie vielleicht bei einem Spaziergang gesammelt haben, erfüllen den gleichen Zweck.

Jäger und Gejagter Einmal Jäger sein, einmal Gejagter – das hält Katze und Mensch in Form. Geht die Spielaufforderung von Mieze aus, wendet sie verschiedene Taktiken an. Vielleicht provoziert sie, indem sie am Sessel kratzt und sie dabei herausfordernd anschaut, oder aber sie läuft auf steifen Beinen vor Ihnen her und wirft Ihnen einen eindringlichen Blick über die Schulter zu. Dann nichts wie hinterher. Verstecken Sie sich zwischendurch hinter der Gardine oder dem Sofa. So wird's noch spannender.

Katze auf den Fersen Befestigen Sie einen Pingpongball an einer 150 Zentimeter langen Schnur. Dazu zwei gegenüberliegende Löcher in das Bällchen bohren, das untere Schnurende hindurchziehen und den Ball mit einem Knoten befestigen. Binden Sie sich das andere Schnurende um den Knöchel, und auf geht's durch die Wohnung mit Mieze auf den Fersen.

Trockenfutter werfen Für Sie easy going, für die Katze ein Heidenspaß. Während Sie gemütlich im Sessel sitzen, werfen Sie Mieze Trockenfutterstückchen zu, die sie fangen muss.

Seifenblasen jagen Viele Katzen finden die glitzernden Blasen faszinierend. Doch wenn sich keine fangen lässt, wird es nach einiger Zeit langweilig. Aber für Abwechslung sorgen die bunten Kugeln immer!

Beschäftigung mit Selbstbelohnung – vorausgesetzt, der Futterball wird richtig gedreht.

Jagderlebnisse für Solospieler

Spannung pur. Die »Beute« bewegt sich für Mieze unsichtbar unter dem Teppich. Die Jagd hat begonnen.

Für die Mehrzahl aller Wohnungskatzen ist ihr Mensch leider nicht immer zum Spielen verfügbar. Schließlich muss er ja auch noch das Katzenfutter verdienen. Jetzt ist der Katzenpartner gefragt. Hat der aber auch keine Lust auf eine spielerische Rauferei oder wilde Verfolgungsjagd, bleibt dem Stubentiger wohl oder übel nichts anderes übrig, als sich alleine zu vergnügen. Und welches Spielzeug törnt kleine Jäger am meisten an? Das lässt sich leider nicht pauschal beantworten.

Katzen sind Individualisten, und ihre Präferenzen für Spielzeuge beziehungsweise die Art des Spiels, die sie bevorzugen, hängen sowohl von ihrer Persönlichkeit und ihren Vorlieben (→ Seite 195) als auch von Alter und Kondition ab (→ Test, Seite 197).

Spielzeug, das Spaß macht

Dazu lohnt es sich, einen Blick auf die natürliche Beute von Katzen zu werfen (→ Seite 146) und sich ihre verschiedenen Jagdtechniken vor Augen zu halten (→ Seite 198). Allerdings jagt nicht jede Katze alles. Unter dem Katzenvolk gibt es regelrechte Spezialisten, die sich draußen beispielsweise besonders auf das Fangen von Blindschleichen und Fröschen spezialisiert haben oder regelmäßig Nachbars Goldfischteich plündern. So ist auch die Frage des interessantesten Katzenspielzeugs eine Sache, die Ihnen Ihr Wohnungstiger am besten selbst beantwortet. Grundsätzlich gilt:

- Alles, was deutlich kleiner als Mieze selbst ist, passt in ihr Beuteschema.
- Alles, was leicht genug ist, um es mit einem Pfotenhieb in die Luft zu befördern, wird für die kleinen Jäger zur interessanten Beute.
- Alles, was leise raschelt, piepst oder kratzende Geräusche verursacht, weckt unmittelbar Miezes Jagdinstinkt.

Ballparade Bällchen jagen finden die meisten Katzen klasse. Dementsprechend bietet der Zoofachhandel ein schier unüberschaubares Bällchenangebot. Ob aus einem bestimmten Material wie etwa Plüsch, Sisal, Nylon, Vollgummi, Leder oder Plastik, ob mit eingebauten Raffinessen – mit einem Glöckchen ausgestattet, in der Dunkelheit leuchtend, sich unregelmäßig bewegend, innen knisternd, nach Katzenminze riechend (→ Seite 211) –, Hauptsache, der Ball rollt. Kostengünstige Varianten aus dem Haushalt sind: zusammengeknüllte Papierbällchen, Pingpongbälle, Wein- oder Sektkorken, eine Walnuss mit Schale, rohe Nudeln oder eine leere Garnrolle.

Klare Aufforderung: »Bitte spiel mit mir!« Die Spielzeugmaus hat zwar auch ihren Reiz, aber sie ist nichts gegen ein Spiel zu zweit.

Mäusezirkus Echte Mäuse in der Wohnung – eher eine Rarität. Für Wohnungskatzen gibt's Ersatz: Spielzeugmäuse in jeglicher Form. Sogar Mäuse auf wippenden Spiralen sowie piepsende, aufziehbare und ferngesteuerte Modelle sind im Angebot (→ Fotos, Seite 102 und 201). Der absolute Renner bei vielen Stubentigern: Spielmäuse mit echtem Kaninchenfell – vor allem die mit kurzhaarigem Pelz.

Gefährliches Spielzeug

Kabelbinder, Haargummi, Plastikteile, Lametta, Wollfäden, Schnürsenkel, Geschenkbänder, Knochensplitter – nur eine kleine Auswahl dessen, was Tierärzte im Magen-Darm-Trakt von Katzen finden. Achten Sie bei der Auswahl von Spielzeug darauf, dass es nicht verschluckt werden kann. Material und Farbe müssen ungiftig sein. Entfernen Sie zum Beispiel aus Spielzeugmäusen eingesteckte Augen und Nasen und aufgeklebte Plastikteile. Katzenangeln und Wedel sollten keine Kunststoffbänder enthalten. Plastiktüten wegräumen und bei Papiertüten die Henkel abschneiden.

TIPPS & TRICKS

Ihre Hände sollten Sie niemals für wilde Kampf- und Jagdspiele mit der Katze einsetzen. Im Eifer des Gefechts kann Mieze Ihre Finger nicht von echter Beute unterscheiden. Hände sind vor allem zum Streicheln da.

Mika und die aufregende Jagd nach der Vogelfeder

Gutes kommt von oben

Mika, die kleine Britisch Kurzhaar silver shaded, sitzt gespannt mit gespitzten Ohren auf ihrem Hinterteil, die Vorderpfoten in Beutefangposition. Endlich schwebt die Feder von oben herab in Mikas Reichweite. Die junge Katze tatzelt gezielt nach der Beute. Gefangen! Doch mit der leichten Feder lässt sich noch viel mehr anstellen. Mika befördert sie wieder in die Luft.

Übung macht den Meister

Auch Wohnungskatzen, die noch nie Gelegenheit hatten, ein echtes Beutetier zu fangen, können ihre Natur nicht verleugnen. Katzen sind und bleiben kleine Raubtiere. Mika übt tüchtig, die Beute zu fangen. Gar nicht so einfach, das Gleichgewicht zu halten, wenn man auf den Hinterpfoten sitzt. Doch mithilfe des Schwänzchens – einer prima Balancierstange – ist Mika in der Lage, sich auf die Feder zu konzentrieren.

Erst rechts, dann links, dann geradeaus

Mika zeigt vollen Körpereinsatz. Sie kickt die Feder mit den Pfoten und ausgefahrenen Krallen von links nach rechts und wieder nach oben. Das macht Klein Mika unglaublichen Spaß. So können auch Wohnungskatzen auf ihre Kosten kommen – und das Beste daran: Die Feder riecht tatsächlich nach Vogel. Das Spiel hat Mika Appetit gemacht. Wie gut, dass sie ihren Hunger jetzt am gefüllten Futternapf stillen kann.

Ein Rausch für die Sinne

Katzen können hervorragend sehen, hören, riechen und tasten – wichtige Voraussetzungen, um erfolgreich Beute zu machen. Draußen sorgt die Natur dafür, dass die scharfen Sinne des kleinen Raubtieres in Höchstform bleiben. Wohnungskatzen sind auf unsere Angebote angewiesen.

Die Sinne trainieren

Emilia und Lukas unternehmen gern ausgedehnte Spaziergänge. Und unterwegs sammeln sie allerlei »Geruchserlebnisse« für ihre beiden Wohnungskatzen, zum Beispiel Federn, Rindenstückchen, Wurzeln, Steine, Eicheln, Kastanien, Weizenähren, Blumen, Wiesenkräuter, Gräser und vieles mehr. Daheim stehen die beiden Samtpfoten schon erwartungsvoll an der Tür, denn sie wissen genau, dass ihre Menschen ihnen auch diesmal wieder etwas Tolles mitbringen werden.

Neue Gerüche Lassen Sie Ihren vierbeinigen Liebling am »Duft der großen weiten Welt« teilhaben. Das bereichert das Wohnungskatzenleben ungemein. Gewöhnen Sie Ihren Stubentiger schon von klein auf an die unterschiedlichsten Gerüche wie zum Beispiel an den Geruch fremder Katzen oder den des Nachbarhundes. Überlassen Sie Ihrer Katze zum Schnüffeln leere Verpackungen aus Pappe, beispielsweise von Nudeln, Cornflakes, Eiern und Pizza. Verwenden Sie als Wohnungsdekoration vorwiegend Naturmaterialien wie Holz, Kork, Ton, Muscheln, Seegras und Korbgeflecht. Richten Sie eine frische Kräuterbar am Küchenfenster ein.

Das Gehör trainieren Alles, was knistert und raschelt, weckt sofort das Interesse der Katze – vor allem das Klappern der Leckerlidose. Spielkisten, die mit duftendem Heu, trockenem Laub oder Papier gefüllt sind, sorgen nicht

Katzenminze ist ein Kraut, das Katzen in einen Trancezustand versetzen kann.

nur für Geruchserlebnisse, sondern sprechen auch das Gehör an. Im Fachhandel gibt es Tunnel und Kuschelsäcke mit eingenähter Raschelfolie (→ Foto, Seite 200). Legen Sie hin und wieder CDs mit Naturgeräuschen wie Meeresrauschen, Vogelgezwitscher oder Walgesängen für Ihre kleinen Tiger auf. Basteln Sie einen Raschelkarton. Dazu in die Seitenteile eines Schuhkartons pfotengroße Öffnungen schneiden und den Karton zum Beispiel mit knisternden Papierbällchen oder Pingpongbällen füllen.

Auch Baldrianblätter und -wurzelstücke lösen bei den kleinen Tigern einen Glücksrausch aus.

Schau hin Katzen haben ein exzellentes Sehvermögen, das selbst bei Wohnungskatzen eigentlich nicht trainiert werden muss. Eine katzengerecht ausgestattete Wohnung bietet zum Beispiel entsprechende Sprungmöglichkeiten, bei der die Katze Entfernungen genau abschätzen muss, um punktgenau zu landen. Und im interaktiven Spiel mit Ihnen sind sowieso Beobachtungsgabe und Reaktionsvermögen der kleinen Tiger gefordert. Gute Trainingseinheiten für genaues Beobachten bieten das Einüben von Kunststücken (→ Seite 228) und das Clickertraining (→ Seite 236).

Der Tastsinn Mithilfe ihrer Schnurrhaare prüft die Katze beispielsweise, ob ein Durchschlupf so breit ist, dass ihr Körper hindurchpasst. In Ihrem Haushalt finden sich sicher genügend Testmöglichkeiten. Aber dennoch hier eine kleine Anregung: Nehmen Sie zum Beispiel einen Umzugskarton. Schneiden Sie jeweils zwei versetzte runde Löcher in die Seitenwände, gerade so groß, dass sich Mieze »hindurchquetschen« kann. Füllen Sie den Karton zur Hälfte zum Beispiel mit raschelnden Papierbällchen. Ganz unten findet Ihr Stubentiger vielleicht sogar ein paar Trockenfutterstückchen. Auch liegende Terrakottaamphoren, Körbe aller Art oder hohe liegende Blumenübertöpfe aus Seegras werden gern von den kleinen Tigern erforscht. Toll, wenn sie zur Hälfte mit Laub, Heu, Stroh oder Papier gefüllt sind und man auch noch ein Leckerli ergattern kann.

NEUES AUS DER KATZENWELT: **PFOTENEINSATZ**

- Bei kniffligen Aufgaben setzen Katzen immer die gleiche Pfote ein. Welche das ist, hängt vom Geschlecht ab. Das fanden zwei Psychologinnen von der Universität Belfast heraus.
- Die Forscherinnen beobachteten 42 Katzen bei verschiedenen Aufgaben. Es galt, Leckerli aus einem engen Glasgefäß zu fischen und nach einem Spielzeug zu tatzeln, das über den Katzen baumelte beziehungsweise vor ihrer Nase über den Boden gezogen wurde.
- Bei der ersten Aufgabe setzten 20 von 21 Weibchen die rechte Pfote ein, die Männchen bevorzugten klar die linke. Bei den anderen Aufgaben gab es jedoch keine Präferenzen.

Raschelndes, trockenes Herbstlaub. Das riecht nach großer weiter Welt. Aber da ist doch noch was anderes. Käserollis?

Leckerli gefunden und verspeist. Jetzt sind die einzelnen Blätter auf dem Fußboden interessant. Sie lassen sich mit den Pfoten durchs Zimmer jagen.

Düfte, die Katzen glücklich machen

Das Foto auf Seite 208 zeigt Serafina beim Beschnuppern der Katzenminze. Ist es das Kraut, dessen Duft Katzen glücklich macht? Gut die Hälfte des Katzenvolks wird durch Katzenminze »high«, die andere lässt das Kraut allerdings kalt, was vermutlich eine erbbedingte Ursache hat. Der Rauschzustand – er hält zwischen 2 bis 15 Minuten an – wird durch sogenannte Neptacolone, das sind pheromonähnliche Botenstoffe in der Pflanze, hervorgerufen (→ Seite 116). Baldrian hat eine ähnliche Wirkung auf Katzen. Aber keine Angst, der »Trip« ist völlig ungefährlich für das Tier und macht nicht süchtig. Übrigens rufen auch andere frische oder getrocknete Kräuter Glückszustände bei den kleinen Tigern hervor – etwa Basilikum, Dill, Kamille, Lavendel, Majoran und Zitronenmelisse (→ Seite 53).

Schmusekisschen Es gibt allerlei duftendes Spielzeug für Katzen im Zoofachhandel zu kaufen. Wenn Sie gern basteln, können Sie kleine, mit getrockneten Kräutern gefüllte Kissen selbst nähen. Das Trocknen von Kräutern und Blüten ist keine Kunst: Schneiden Sie den oberirdischen Teil des Krautes ab und bündeln Sie es zu kleinen, lockeren Sträußchen. Hängen Sie die Kräuterbündel kopfüber an einem schattigen, luftigen Ort auf. Blüten trocknen auf einem Stück Küchenpapier an einem schattigen, warmen Platz. Bewahren Sie getrocknete Blüten und Kräuter in großen, verschließbaren Blechdosen auf. Wenn der Duft im Schmusekissen nachlässt, legen Sie es für ein oder zwei Tage in die Dose, und schon riecht es wieder wie neu. Einen super Schnüffelspaß bieten auch in der Wohnung verteilte kleine Dekosisalkugeln, die zuvor in unterschiedlichen Kräuterdosen lagen.

Die Sinnesorgane:
Gute Jäger brauchen scharfe Sinne

Langsam durchstreift der große Kater sein Revier. Plötzlich hält er mitten in der Bewegung inne. War das ein Mäusewispern? Der Kater dreht seine Ohren hin und her, um die Geräuschquelle genau zu orten. Da schiebt sich eine Maus vorsichtig über den Rand ihres Lochs. Die Mäusegesellschaft hält mit hohen Wispertönen unter der Erde Kontakt zueinander, und das hat der Kater gehört. Eine Abhöraffäre mit tödlichen Folgen ...

Katzenohren funktionieren wie Schalltrichter. Die Ohrmuscheln können unabhängig voneinander gedreht werden. Das Hörvermögen der Katze ist außerordentlich gut – wesentlich feiner als unseres. Die kleinen Jäger hören Geräusche mit Frequenzen von 50 bis 60 Kilohertz, während unsere Hörgrenze nur bei etwa 20 Kilohertz liegt. Die Lautstärkeempfindlichkeit ist bei Katzen demnach über dreimal so groß wie bei Menschen. Katzen hören sehr viel leisere und wesentlich höhere Töne als wir. So erklärt sich auch, warum die Katze plötzlich aufhorcht, während wir noch keinerlei Laut vernommen haben.

ALLES IM BLICK

Wie auch bei uns sitzen die Augen der Katze frontal im Gesicht. Dadurch sieht sie räumlich ebenso gut wie wir. Das ist für die gezielte Jagd und eine punktgenaue Landung besonders wichtig. Wenn es sehr hell ist, ziehen sich die Pupillen zu einem millimeterdünnen Strich zusammen. Bei zunehmender Dunkelheit werden die Pupillen kreisrund. In der Dämmerung und im Mondlicht sehen Katzen sechsmal besser als wir, in stockdunkler Nacht dagegen sieht auch eine Katze nichts mehr. Trifft eine Lichtquelle nachts auf Katzenaugen, scheinen diese von innen zu leuchten. Das wird

Die Sohlenballen sind mit winzigen Druckempfängern, den Pacinischen Körperchen, ausgestattet. Sie reagieren auf kleinste Erschütterungen.

Die Tasthaare haben wichtige Aufgaben. So löst etwa die Berührung der Stirnvibrissen ein reflexartiges Schließen der Augen zu deren Schutz aus.

einerseits durch die Blendautomatik der Pupillen möglich, die sich im Dämmerlicht weit öffnen, um noch den kleinsten Lichtstrahl einzufangen. Andererseits ist dafür eine spezielle lichtreflektierende Schicht (Tapetum lucidum) verantwortlich, die hinter der Netzhaut liegt. Katzen haben mit 280 Grad einen größeren Blickwinkel als wir (210 Grad). Am schärfsten sieht Mieze in einem Bereich von zwei bis sechs Metern. Wie farbig Katzen die Welt sehen, ist noch nicht genau geklärt. Tatsache ist jedoch, dass Katzen nur zwei Fotorezeptortypen (Zapfen) für ihr Farbensehen verwenden, Menschen dagegen drei. Also ist es naheliegend, dass Katzen die Welt etwas weniger bunt sehen als wir.

KATZEN HABEN EINE GUTE NASE

Wenngleich Sehen und Hören die wichtigsten Sinne der Katze bei der Jagd sind, hat auch das Riechen einen hohen Stellenwert im Katzenleben. Soeben auf die Welt gekommen, robbt das Katzenbaby zielsicher an Mutters milchspendende Zitze. Allein sein Geruchs- und Tastsinn hat es dorthin geführt. Per Nase wird zum Beispiel Futter auf seine Tauglichkeit geprüft, aber auch bei Begegnungen mit Artgenossen festgestellt, ob man sich sympathisch oder eher unsympathisch ist. Duftbotschaften an Artgenossen finden sich in Kothäufchen und im Urin und werden beim Krallenwetzen hinterlassen (→ Seite 115). Das Liebesleben wird durch Lockstoffe stimuliert. Katzen verfügen außerdem über das sogenannte Jacobson'sche Organ, das im Gaumendach hinter den Schneidezähnen der Katze liegt und seine Geruchsinformationen über die Zunge erhält. Sitzt Ihr kleiner Tiger mit leicht geöffnetem Mäulchen, gekräuselter Oberlippe, gekräuseltem Näschen und mit einem entrückten Blick vor Ihnen, flehmt er. So reagiert zum Beispiel ein Kater auf die Sexuallockstoffe einer rolligen Kätzin. Aber auch andere starke Gerüche lösen das Flehmen aus.

BERÜHRUNGEN EMPFINDEN

Katzen haben am ganzen Körper empfindliche Nervenzellen, die Berührungen wahrnehmen (→ Seite 180). Druckrezeptoren in den Sohlenballen spüren Erschütterungen. Eine wahre Infozentrale sind die Tasthaare (Vibrissen) der Minitiger. Die steifen Haare sitzen an der Oberlippe, über den Augen, am Kinn, an den Wangen und an der Rückseite der Vorderbeine. Sie reagieren auf leichteste Berührung und können kleinste Luftdruckänderungen und Luftströmungen wahrnehmen. Die Tasthaare sind außerdem im Dunkeln eine wichtige Orientierungshilfe, wenn es darum geht, Durchschlüpfe zu vermessen. Mithilfe ihrer Schnurrhaare umfasst die Katze ihre Beute und kann feststellen, ob diese tot ist oder noch lebt.

Neugierig wird die Vogelfeder per Nase erforscht. Kleine Mitbringsel aus der Natur bereichern das Wohnungskatzenleben.

Holen Sie sich ein Stück Natur ins Haus

Katzen haben es gern warm und weich. Da ist ein duftendes Moosbett genau das Richtige. Steht das Bett an einem sonnigen Fensterplatz, speichert das Moos die Wärme. Sie brauchen eine entsprechend große viereckige Kunststoffkiste oder ein offenes Weidenkörbchen (→ Foto Seite 215) und Moossoden, an denen noch die Erde haftet. Geben Sie als Drainage eine Schicht Blähton in die Kiste beziehungsweise den Korb. Der Korb wird vorher mit Teichfolie ausgekleidet. Auf den Blähton kommt Blumenerde. Ordnen Sie dann die Moosstücke so auf der Erde an, dass sie einen weichen Teppich bilden. Jetzt das Moos leicht mit Wasser gießen und etwa zwei Tage warten, bis Sie es Mieze anbieten. Wird der Moosteppich regelmäßig abends leicht gegossen, bleibt er wochenlang frisch.

Heusocke Würziges, aromatisches Heu gibt es im Zoofachhandel zum Beispiel für Kaninchen und Meerschweinchen zu kaufen. Füllen Sie Ihre ausrangierte Socke damit. Binden Sie die Socke oben fest zu und überlassen Sie Mieze das duftende Teil zum Kuscheln. Besonders toll für die Katze: Die Socke riecht nach ihrem Menschen.

TIPPS & TRICKS

Das Geißblatt *(Lonicera caprifolium)* ist eine Kletterpflanze, deren Holz Katzen ebenfalls in einen rauschähnlichen Zustand versetzt. In der Bachblüten-Therapie wird das Geißblatt (Honeysuckle) für die Behandlung traumatiesierter Katzen eingesetzt.

Duftparade Das lustige Schnüffelspiel ist schnell gebastelt. Nehmen Sie sechs Plastikschälchen mit Deckel (wie man sie bekommt, wenn man zum Beispiel Antipasti kauft). Bohren Sie in fünf der Schälchen kleine Geruchslöcher in die Deckel. Das letzte Schälchen wird nur am Boden mit Löchern versehen. Füllen Sie die Schälchen mit Deckel mit verschiedenen Aromen wie etwa Vanille, Kamillentee, Ingwer, Kaffeebohnen, Katzenminze und Baldrianwurzel. Der letzte Behälter enthält das Lieblingsleckerli Ihrer Katze. Stellen Sie die Schälchen in einer Reihe auf dem Boden auf, nur das mit Leckerli gefüllte Schälchen ohne Deckel wird einfach umgestülpt. Wie schnell findet Mieze das Leckerli, und welche Technik entwickelt sie dabei?

Für geschickte Schnüffler Aus einem Eierkarton (Pappe) lässt sich ein tolles Schnüffel- und Geschicklichkeitsspiel kreieren. Dazu den Deckel des Kartons abschneiden. In die Vertiefungen verschiedene Aromen – wie oben beschrieben – legen. In einem Fach liegt das Leckerli. Verschließen Sie die Vertiefungen, indem Sie jeweils einen Pingpongball obenauf legen. Mieze muss den richtigen Ball entfernen, um an das Leckerli zu kommen.

Das Moosbett ist weich, warm und riecht gut.

EXPERTIN KATZE

FINDEN KATZEN FERNSEHEN UNTERHALTSAM?

Kater Balu berichtet aus seinem Erfahrungsschatz.

Es gibt sogar DVDs für Katzen zu kaufen. Was hältst du davon?

Neulich hatte ich Gelegenheit, mir so ein Filmchen anzuschauen. Ich sah einen großen Schmetterling, der von Blüte zu Blüte flog. Zugegeben, zuerst fand ich das hüpfende Ding interessant. Ich sprang am Fernseher hoch und wollte den Schmetterling mit einem Tatzenhieb von der Blüte schleudern. Pustekuchen, ich traf nur das Glas des Bildschirms. Im selben Moment wusste ich, dass ich hier verschaukelt werde. Und das finden wir Katzen überhaupt nicht lustig. Manchmal schaue ich mir mit Michael ein Tennisspiel im Fernsehen an und beobachte, wie der Ball hin- und herfliegt. Aber das ist langweilig.

Was sagst du zu eurem Aquarium mit den hübschen Fischen?

Das ist für mich das richtige Fernsehprogramm. Ich beobachte die Fische manchmal stundenlang, wie sie gleichmäßig ihre Bahnen durch das Wasser ziehen. Ich weiß zwar, dass die Fische hinter dem Glas für mich unerreichbar sind. Doch das stört mich in diesem Fall überhaupt nicht. Übrigens liege ich auch mit Vorliebe auf der Aquarienabdeckung. Ein wahrhaft kuscheliges Plätzchen. Aber einen Vorschlag für spannendes Katzenfernsehen hätte ich noch zu machen: ein Käfig voll lebender Mäuse. Schon klar – das kann man den Tierchen nicht zumuten, denn ich könnte sicher nicht die Pfoten von ihnen lassen ...

Die grauen Zellen trainieren

Katzen sind nicht alle gleichermaßen intelligent, und sie haben unterschiedliche Begabungen. Die einen erweisen sich als besonders geschickt, die anderen als kleine Tollpatsche. Manche lösen eine Aufgabe mit links, während die nächsten sie nur schwer oder gar nicht begreifen.

Für Katzen mit Köpfchen

Auch wenn nicht alle Katzen Genies sind, braucht jede Katze »geistige Nahrung« (→ Seite 219). Die Aufgaben, die Ihr Stubentiger lösen soll, müssen ja nicht gleich dem höchsten Schwierigkeitsgrad entsprechen. Beginnen Sie mit leichten Denksport- und Geschicklichkeitsübungen und beobachten Sie, wie Ihre Katze an die Lösung des Problems herangeht. Wichtig ist vor allem der Spaßfaktor. Ob der ausreichend gegeben ist, wird Ihnen Ihr vierbeiniger Liebling schon nach kurzer Zeit zeigen.

Fummelbretter sind auch für Oldies und behinderte Katzen eine tolle Beschäftigung.

Intelligenzspiele, die es in sich haben

Inzwischen gibt es auch für Katzen empfehlenswertes Intelligenzspielzeug auf dem Markt (→ Fotos, Seite 224/225), zum Teil mit variablen Schwierigkeitsstufen. Darüber hinaus lohnt es sich auch, einmal bei Intelligenzspielzeug für Hunde zu schauen. Die Schwedin Nina Ottosson konzipiert intelligentes Spielzeug, das sowohl für Hunde als auch für Katzen geeignet ist, wie zum Beispiel das »Dog Spinny«. Auf einem runden Holzbrett mit vielen kleinen Mulden ist eine Drehscheibe aufgebracht. Die Drehscheibe hat ein rundes Loch. In die Mulden legen Sie Leckerli. Ihre Katze kann nur durch Drehen der Scheibe an die Häppchen herankommen. Bei diesem

Spiel wird auch die Geduld getestet, denn hektisches Drehen mit der Pfote bringt keinen Erfolg. Das »Dog Tornado« ist ein Powerspiel. Auf drei Ebenen befinden sich Mulden, in denen man Trockenfutterstückchen verstecken kann. Diese Ebenen und die oben angebrachte Abdeckscheibe lassen sich mit- und gegeneinander drehen. Ihre Katze muss begreifen, dass sie die Scheiben Ebene für Ebene »abarbeiten« muss, um alle Leckerchen zu bekommen. Damit ist Mieze eine ganze Zeit beschäftigt, wenn sie nicht zwischendurch etwas anderes vorhat. Auch das Modell »Dog Brick« von Nina Ottosson eignet sich für Katzen (→ Seite 219).

Becherspiel Dazu brauchen Sie drei Pappbecher und ein Leckerli. Stülpen Sie die Becher um und stellen Sie sie in einer Reihe auf. Verstecken Sie nun unter einem der Becher ein Leckerli vor Miezes Augen. Tauschen Sie jetzt die Becher untereinander. Findet Ihr kleiner Schlaumeier das Leckerli auf Anhieb, oder ist er ganz schön verwirrt?

Wasserspiele Viele Katzen angeln gern. Auf Seite 38/39 finden Sie ein paar Ideen, wie Sie Ihre Katze auf Angeltour schicken können. Interessant ist, welcher Technik sich manche Stubentiger dabei bedienen.

Ja, wo sind denn die Leckerli? Hier ist geschickter Pfoteneinsatz gefragt.

Futter muss man sich verdienen

Langeweile macht krank. Viele unterforderte Wohnungskatzen werden phlegmatisch und »verkommen« zu Sofatigern. Andere entwickeln Aggressionen oder zeigen weitere auffällige Verhaltensveränderungen (→ Seite 129). Bei Zootieren kennt man das Problem schon lange, und deshalb gibt es seit fast zwei Jahrzehnten spezielle Beschäftigungsprogramme unter dem Begriff »enrichment« (Beschäftigung) für sie. Ein zentraler Punkt betrifft dabei die Fütterung. Der Eisbär zum Beispiel bekommt seine Ration Fische nicht einfach vor die Nase gelegt, sondern jeder Fisch ist einzeln in große Eiswürfel eingefroren. Um seinen Hunger zu stillen, muss der Bär das Eis erst knacken. Und auch die Schimpansen brauchen eine Weile, bis sie die Leckerbissen aus dem verschlossenen Säckchen befreit haben. Aber was hat das jetzt eigentlich mit unseren Wohnungskatzen zu tun? Ganz einfach: Schicken Sie Mieze zur Futterarbeit.

Trockenfutter auspacken Einfach, aber wirkungsvoll. Wickeln Sie Trockenfutterstückchen in Papierpäckchen ein und lassen Sie sie von der Katze auspacken. Das sorgt für Bewegung, Denksport und Beschäftigung. Auch für kleine Dickerchen ein prima Einstieg ins künftige Fitnessprogramm.

Futterrolle Genial ist immer einfach. Eine leere Toilettenpapier- oder Küchenpapierrolle wird zum Futterspender. Legen Sie ein paar Trockenfutterstückchen in die Rolle und verschließen Sie die Enden etwa mit raschelndem Seidenpapier – fertig. Eine weitere Variante: Eine Küchenpapierrolle

Gehirnjogging: Auch Katzensenioren lernen noch gern

»Dog Brick« ist eigentlich ein Intelligenzspielzeug für Hunde. Dabei werden zum Beispiel Trockenfutterstückchen in Vertiefungen unter verschiebbaren Holzscheiben versteckt. Um die leckeren Snacks zu ergattern, müssen die einzelnen Scheiben mit der Pfote zur Seite geschoben werden. In der kleinen Katzengruppe gibt es nur eine, die dieses Spiel perfekt beherrscht – und das ist die 16-jährige Maine-Coon-Kätzin Valentina.

Das Gehirn kann durch Lernen und Üben trainiert werden. Diese Entdeckung war seinerzeit eine wissenschaftliche Sensation. Gerade Wohnungskatzen sind oft geistig unterfordert, und nicht selten wird die Langeweile in unerwünschte Verhaltensweisen »umgemünzt« (→ Seite 129). Sorgen Sie deshalb für einen abwechslungsreichen Katzenalltag und nehmen Sie sich Zeit für gemeinsame Spielrunden. Auch das »alte« Gehirn braucht Anregungen und Übungen, die es fit halten (→ Seite 174).

DAS GEHIRN SPEICHERT INFORMATIONEN

Schon im Mutterleib beginnt sich das Gehirn des Kätzchens zu entwickeln. Erste Impulse bekommt es beispielsweise durch Berührungen, etwa wenn man der Mutterkatze über den Bauch streichelt. In seinen ersten Lebenswochen strömen besonders viele Sinneswahrnehmungen auf das Kleine ein, die einen bleibenden Eindruck hinterlassen. Auch unterschiedliche Erfahrungen werden gespeichert. Je mehr Informationen das Gehirn in dieser Zeit bekommt, desto besser entwickelt es sich. Kätzchen, die in einer anregenden Umwelt aufwachsen, sind neugieriger, aufgeweckter und geistig wacher als solche, die in einem reizarmen Umfeld leben.

EIN LEBEN LANG LERNEN

Menschen und Tiere müssen ihr ganzes Leben lernfähig bleiben, um zu überleben. Nur so wird es möglich, sich gezielt und schnell Umweltveränderungen anzupassen. Umso wichtiger ist es besonders für Wohnungskatzen, die nur ihre kleine behütete Welt kennen, dass sie auch geistige Herausforderungen zu meistern haben.

Wie doch die Zeit vergeht. Mit voller Konzentration sind die beiden damit beschäftigt, die Leckerli aus dem »Cat Activity Fun Board« zu angeln.

Wie war das noch mit den bunten Stäben? Ach ja, zur Seite schieben, und schon liegen die Leckerli frei. »Probieren geht über Studieren.«

auf etwa 18 Zentimeter kürzen und mehrere runde Löcher – etwas größer als ein Trockenfutterstückchen – in die Rolle schneiden und sie befüllen. Die Seiten fest mit Papier verstopfen. Sogenannte Snack Rolls (→ Foto, Seite 103) und Futterbälle gibt es auch im Zoofachhandel zu kaufen. Einen kleineren Futterball können Sie auch aus einem Pingpongball basteln. Dazu mithilfe eines Teppichmessers ein oder zwei runde Löcher in den Ball schneiden und Trockenfutter hineingeben.

Futtersuche Verstecken Sie Trockenfutter an mehreren Stellen in der Wohnung und lassen Sie Ihren Minitiger die Futterplätze aufspüren.

TIPPS & TRICKS

Spielzeug bleibt interessant, wenn Sie es immer mal wieder austauschen. Lassen Sie das »alte« eine Zeit lang in der Spielzeugkiste verschwinden. Taucht es dann wieder auf, ist es für Ihre Katze wie neu, und der Spaß bleibt gegeben.

Fummelbretter – der ultimative Katzenspaß

Sie ist die Erfinderin der Fummelbretter: die Schweizerin Helena Dbaly. Ihre Spielstationen für Katzen bestehen aus leeren Joghurtbechern, Eierkartons, Bauklötzen, Spülbürsten, Fotofilmdosen, leeren Klorollen, Waschmitteldosierdosen, Korken und vielem mehr (→ Adressen im Internet, Seite 252). Nicht wenige meiner Katzenfreunde haben die Fummelbretter nachgebaut oder eigene kreiert. Sie alle bestätigen: Fummelbretter sind der absolute Hit bei ihren Katzen – ein echter Abenteuerspielplatz mitten im Wohnzimmer. Der tolle Nebeneffekt: Teilweise wird durch das Fummelbrett Abfall sinnvoll recycelt, und somit ist es kostengünstig zu bauen. Inzwischen gibt es auch im Zoofachhandel ein von Helena Dbaly entworfenes Modell mit dem Namen »Cat Activity Fun Board« zu kaufen (→ Fotos, Seite 220 und 225). Das Fummelbrett besteht aus bruchfestem, hochwertigem

Kunststoff. Die Einzelteile sind spülmaschinengeeignet. Die fünf Module des Funboards decken folgende Fummelvorlieben der Katzen ab:

- Das Bahnenmodul können selbst ganz junge Katzen »bedienen«. Hier geht es darum, Leckerli zwischen den »Schienen« herauszufischen.
- Das Zapfenmodul bietet kleine Hindernisse. Leckerli müssen mehrfach angestupst werden, um sie zu ergattern.
- Das Tunnelelement hat den »Mauslocheffekt«, wie es die Erfinderin selbst ausdrückt. Im Tunnel warten Leckerbissen oder beliebte Spielzeuge. Das »Mauseloch« wird von manchen Stubentigern auch gern belauert.
- Das Kugelmodul erfordert eine besondere Pfotentechnik, um die Leckereien herauszuangeln.
- Beim Zungenmodul darf Mieze verschiedene Leckereien testen, wie etwa Joghurt, ein wenig Kalbsleberwurst, Hüttenkäse, etwas Butter und einen Klecks Sahne. Dazu stehen zwei verschiedene Vertiefungen zur Verfügung. Dieses Modul ist so gebaut, dass die Schnurrhaare der Katze beim Leckerchenerschnüffeln nicht behindert werden.

EXPERTIN KATZE

KANN MAN BEI KATZEN EHRGEIZ WECKEN?

Kater Balu stellt sich den Fragen.

Wie gehen Katzen damit um, wenn sie eine knifflige Aufgabe bekommen?

An erster Stelle steht bei uns die Motivation. Und die funktioniert am besten über leckeres Futter. Je seltener es die begehrten Häppchen gibt, umso mehr motiviert uns das. Das heißt aber noch lange nicht, dass wir bereit sind, alles dafür zu tun. Das ist die eine Sache. Die andere ist die Aufgabenstellung. Ich zum Beispiel bin ziemlich verfressen. Mein größtes Ziel war es, die Leckerlidose zu plündern. Zuerst habe ich genau beobachtet, wie meine Menschen die Dose öffnen. Dann war alles klar: Ich musste so lange intensive Pfotenarbeit leisten, bis der Deckel absprang. Seitdem steht die Dose im Schrank.

Du meinst also, dass Katzen immer eine Lösung des Problems finden?

Das kann man so nicht sagen. Wenn uns eine Aktion einen Nutzen bringt, versuchen wir das natürlich, falls möglich, zu erreichen. Dabei können wir einen enormen Ehrgeiz entwickeln. Aber auch in dieser Beziehung sind wir Katzen unterschiedlich veranlagt. Die einen tüfteln so lange an einer Aufgabe, bis sie gelöst ist. Die anderen haben kein Fünkchen Geduld und verlieren schnell die Lust am Problemlösen. Manchmal ist eine Katze auch schlicht überfordert. Der Mensch sollte die Persönlichkeit seiner Katze respektieren und nicht Dinge von ihr verlangen, die sie nicht erfüllen kann.

Was raschelt im Karton?

Vor lauter Jagdeifer merkt Karlchen gar nicht, dass sich die Federn am Stab nur deshalb bewegen, weil Frauchen von der anderen Seite damit wedelt. Aber das spielt ja auch keine Rolle – Hauptsache, der kleine Kater darf jagen. Später muss er unbedingt erforschen, was sich noch so alles im Karton verbirgt.

Acht interessante Intelligenzspiele

»Cat Activity Turn Around«

Unsere kätzischen Testpersonen fanden das Intelligenzspiel prima. Sie waren eine ganze Weile damit beschäftigt, die Leckerli aus den Röhrchen und den Zapfen auf dem Boden zu angeln. Alle Spiele, die besonders die »grauen Zellen« trainieren, sind auch für Katzensenioren bestens geeignet.

Snackball

»Small Cat Pyramid« ist ein Stehaufmännchen, das mit Leckerli befüllt werden kann. Durch den Schwerpunkt im Boden richtet sich der Snackball immer wieder auf. Unsere Miezen mussten sich ganz schön anstrengen, um an die begehrten Häppchen zu kommen. Doch sie fanden das Spiel toll.

»Train Boccia«

»Kitty Brain Train Boccia«, so ist die genaue Bezeichnung dieses Holzspiels. Mieze muss die Leckerli unter den Holzbällen finden und aus den Löchern herausangeln. Wir haben in den Löchern eine kleine Vogelfeder, ein Stückchen Kork und ein wenig Moos versteckt. Ein Geruchserlebnis für die kleinen Tiger.

»Brain Mover«

Dieses anspruchsvolle Intelligenzspielzeug hat es in sich. Wie kommt Mieze an die Leckerli, die in den Vertiefungen und Schubfächern versteckt sind? Mithilfe von Pfoten und Schnauze lassen sich die Teile verschieben oder abdecken.

Der Klassiker

In Nullkommanichts entsteht aus einem Karton mit Löchern eine »Pfotenerlebnisbox«. Hier sind Cleverness und Geschicklichkeit gefragt, wenn man an den interessanten Inhalt der Box herankommen möchte.

Futterlabyrinth

»Catit Design Senses Futter Labyrinth« lautet die genaue Bezeichnung des Intelligenzspielzeugs. Eine Herausforderung für kluge Miezen. Durch die Seitenöffnungen kann die Katze den »Fluss« der Leckerli steuern.

»Cat Activity Fun Board«

Unsere Stubentiger waren restlos von diesem Fummelbrett begeistert. Es besteht aus fünf unterschiedlichen Modulen und stellt die Katze jeweils vor eine neue Aufgabe. Hier sind sowohl Köpfchen als auch Geschicklichkeit gefragt.

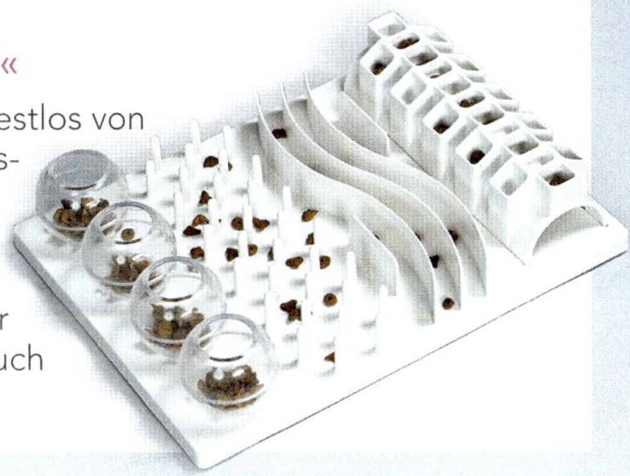

Einfach und wirkungsvoll

Dieser Fummelkasten kann zum Beispiel an Stuhlbeine gebunden werden. Dazu rechts und links zwei Schlitze in den Kartonboden schneiden und ein Band durchziehen. Die Klorollen wurden mit doppelseitigem Klebeband fixiert.

Immer in Bewegung

Rennen, springen, klettern, balancieren – so bleibt der elastische Katzenkörper in Form. Ausgiebig trainiert wird in der katzengerecht eingerichteten Wohnung, am liebsten gemeinsam mit dem Artgenossen. Aber auch von uns lässt sich Mieze zu kleinen Übungsprogrammen animieren.

Mit vollem Körpereinsatz

Auf dem Foto links tanzt Pablo mit den hüpfenden Federn an der Schnur – einem »Fitnessgerät« erster Güte. Dabei zeigt er die tollsten akrobatischen Einlagen, wie Sie sie auf den Fotos der nächsten Seite bestaunen können. Kein Wunder, dass der Kater kein Gramm Fett zu viel auf den Rippen hat. Bewegung heißt – ebenso wie bei uns – das Zauberwort für eine schlanke Figur (→ Seite 148), und sie sorgt dafür, dass der Körper geschmeidig bleibt.

Fitnessspielzeug Herabbaumelnde Bänder, Schnüre oder Taue finden fast alle Katzen klasse. Für Alleinunterhalter gibt es im Zoofachhandel hüpfende Mäuse, Bälle, Federn oder Vögelchen an Gummibändern, die mithilfe von Klemmen im Türrahmen befestigt werden. Hieran kann sich Mieze austoben bis zum Umfallen – vorausgesetzt, das Spielzeug hält so lange durch. Behalten Sie dabei Ihren kleinen Spielteufel jedoch besser im Auge. Immer wieder hört man von Katzen, die sich in der Gummischnur verfangen oder sich sogar stranguliert haben. Vor allem jüngere Katzen turnen gern an einem Klettertau mit Knoten (→ Foto, Seite 194). Im Fachhandel finden Sie eine Vielzahl ansprechender Kletterseile, Kletterbrücken und Hängeleitern. Gut für kätzische Klettertouren geeignet sind auch Strickleitern mit und ohne Stufen aus dem Fachhandel für Bootszubehör.

Mieze versucht den wandernden Lichtpunkt zu fangen. Am Ende muss der Punkt auf etwas Greifbarem landen.

Katzenballett. Auf den Hinterpfoten stehen und gleichzeitig den Körper drehen. Alle Achtung!

Abgehoben. Alle viere in der Luft, versucht Kater Pablo den »Vogel« zu fangen.

An der Angel. Endlich hält er seine Beute zwischen den Pfoten und lässt sie nicht mehr los.

Trickschule für Showtalente

Es gibt selbstbewusste Katzen, die besonders gern im Mittelpunkt stehen. Dafür sind sie sogar bereit, kleine Kunststücke zu lernen. Freilich – zwingen lassen sie sich zu nichts. Doch die kleinen Showstars haben offensichtlich Spaß am Einstudieren, genießen die Abwechslung vom Alltag und natürlich die Tatsache, dass ihr Mensch Zeit für sie hat. Oder liegt der Reiz vielleicht doch eher in den ganz besonderen Leckerli, die es als Gage gibt? Etwas Genaues weiß man nicht ...

Was Mieze können muss

Zwei Grundvoraussetzungen für weiterführende Übungen sind: Die Katze hört auf ihren Namen (→ Seite 125) und beherrscht das Kommando »Sitz«.

Hinsetzen auf Kommando Setzen Sie Ihre Katze vor der Fütterung zum Beispiel auf einen Hocker und nehmen Sie ihr gegenüber Platz. Halten Sie ein verführerisches Leckerli in der Hand. Sitzt Mieze erwartungsvoll vor Ihnen, halten Sie ihr den Leckerbissen vor die Nase. Die Katze erhebt sich, um daran zu schnüffeln.

Bewegen Sie jetzt Ihre Hand mit dem Leckerli über ihren Kopf. Mieze folgt mit den Augen und setzt sich wieder hin. Während sie sich hinsetzt, sagen Sie den Namen Ihrer Katze und verbinden ihn mit dem Kommando »Sitz«. Jetzt gibt's endlich die Belohnung. Natürlich klappt das Ganze erst nach wiederholtem Üben (→ Checkliste, rechts).

Männchen machen

Ziel der Übung: Die Katze reckt sich auf Kommando hoch und stellt sich auf die Hinterpfoten. Auf zwei Beinen zu stehen, ist für Katzen gar nicht so unnatürlich. Auch bei der Jagd müssen sie sich öfter in diese Position begeben, um ihre Beute zu fangen.

- Die Katze sitzt vor Ihnen. Lassen Sie sie an einem Leckerbissen riechen oder zeigen Sie ihr die Katzenangel.
- Wenn sie das Leckerli nehmen möchte oder nach der Feder an der Katzenangel tatzelt, halten Sie den Leckerbissen oder die Angel immer höher – so hoch, bis Mieze auf den Hinterpfoten steht.
- Geben Sie jetzt das Kommando »Hoch«.
- Warten Sie einen Moment, bis Sie Ihre Katze mit dem Leckerli belohnen beziehungsweise sie die Federn oder das Bällchen an der Katzenangel zwischen den Pfoten halten darf.

Springen auf Kommando

Ziel der Übung: Ihre Katze soll auf Kommando von Stuhl zu Stuhl springen. Sie brauchen zwei standfeste Stühle mit einer rutschfesten Auflage, eine Katzenangel, besonders begehrte Leckerbissen.

- Stellen Sie die Stühle in einem Abstand von etwa 50 Zentimetern mit den Sitzflächen nach innen auf.
- Halten Sie einen Leckerbissen für Mieze bereit.
- Gehen Sie hinter einem der beiden Stühle in die Hocke und locken Sie Ihre Katze etwa mit den Worten »Ihm, Leckerli, hopp« auf den Stuhl.

TIPPS & TRICKS

Kunststückchen zeigt Ihre Katze nicht immer und zu jeder Zeit auf Abruf. Akzeptieren Sie auch, wenn Ihre Katze keine Lust mehr zum Weiterüben hat und sich davonschleicht. Katzen lehnen jede Form von Zwang ab.

CHECKLISTE

Fünf Regeln fürs richtige Trainieren

- ☐ Gibt es mehrere Katzen in der Wohnung, stets jeweils nur mit einer Katze trainieren. Suchen Sie sich einen ungestörten Platz.
- ☐ Üben Sie anfangs immer am gleichen Platz und zur gleichen Zeit.
- ☐ Halten Sie besonders reizvolle Leckerli für Ihren Schüler parat.
- ☐ Die Trainingseinheiten sollten nicht länger als fünf bis zehn Minuten dauern – vorausgesetzt, Mieze macht von sich aus so lange mit.
- ☐ Trainieren Sie nicht direkt nach der Fütterung mit Ihrer Katze.

- Springt sie hinauf, wird sie ausgiebig gelobt und bekommt ihr Leckerli.
- Wiederholen Sie diese Übung so lange, bis Mieze sie verinnerlicht hat.
- Beim nächsten Schritt lassen Sie die Katze zunächst auf den Stuhl springen. Sie gehen hinter dem gegenüberliegenden Stuhl in die Hocke.
- Locken Sie die Katze nun mit Ihrer Stimme und wedeln Sie mit der Katzenangel. Springt die Katze, ist natürlich wieder eine Belohnung fällig.
- Erweitern Sie die Sprungstrecke erst Stück für Stück, wenn Mieze jeweils mehrere Sprünge im gleichen Abstand mit Bravour gemeistert hat.

Geschafft. Nach dem »harten« Training ist jetzt erst mal Pause angesagt.

Sprung durch den Reifen

Ziel der Übung: Die Katze springt auf Kommando »Hopp« durch einen Hula-Hoop-Reifen. Im Blumenfachhandel gibt es Staudenhalterringe die einen kleineren Durchmesser haben. Achten Sie darauf, dass der Boden sprungtauglich ist. Auf glattem Parkett- oder Laminatboden kann sich Mieze verletzen. Legen Sie einen Teppich oder ein Stück Teppichboden unter.

- Geben Sie Ihrem kleinen Showstar Gelegenheit, den Reifen ausgiebig zu beschnuppern. Die Katze darf keine Angst vor dem Reifen haben.
- Stellen Sie den Reifen aufrecht auf den Boden.
- Halten Sie Mieze einen Leckerbissen vor die Nase und führen Sie sie zum Beispiel mit den Worten »Hhm, Leckerli, hopp« durch den Reifen.
- Folgt Ihnen die Katze, gibt es natürlich die Belohnung.
- Üben Sie diesen Schritt so lange, bis das Durchgehen sitzt.
- Im nächsten Schritt heben Sie den Reifen wenige Zentimeter vom Boden hoch. Nimmt Ihr kleiner Tiger auch diese Hürde lässig, können Sie den Schwierigkeitsgrad nach und nach erhöhen.

NEUES AUS DER KATZENWELT: **REKORDE**

- Die Katze ist in der Lage, fünfmal höher zu springen, als ihr Körper lang ist.
- Hauskatzen können bei einem Weitsprung das Sechsfache ihrer Körperlänge überwinden.
- Katzen können auf kurzen Strecken eine Geschwindigkeit von bis zu 48 km/h erreichen. Der Gepard, die schnellste Katze, gar bis zu 120 km/h.
- Im Durchschnitt lauert eine Katze 30 Minuten vor einem Mauseloch, bevor sie aufgibt.
- Über 500 Muskeln setzen an den 240 Knochen im Körper der Katze an. Ihre Wirbelsäule ist besonders biegsam.

Der Federwedel übt eine ungeheure Faszination auf die Katze aus.
Er kann beim Training prima als Motivationshilfe eingesetzt werden.

Agility – das macht auch Katzen Spaß

Agility ist eigentlich ein Hundesport. Dabei muss der Hund einen Hindernisparcours in einer bestimmten Zeit bewältigen. Frauchen und Herrchen laufen neben dem Parcours mit und feuern ihren Vierbeiner an. Auch viele Katzen haben Spaß an solch einem Hindernislauf. Zeitvorgaben lehnen Stubentiger jedoch von vornherein ab.

Spielvorbereitung Überlegen Sie sich einen Hindernisparcours. Er kann über Kartons, Sessel, Stühle, Rampen, Stofftunnel, Bett und um Tisch- und Stuhlbeine herum führen. Binden Sie an das Ende einer längeren Schnur einen ausgesprochen begehrten Leckerbissen, zum Beispiel ein Stück Käse oder gekochte Putenbrust.

Spielablauf Beim Katzen-Agility sind natürlich Sie als Spielpartner gefragt. Ziehen Sie die Schnur über und um die Hindernisse herum. Folgt Ihnen Ihre Samtpfote? Wenn ja, bekommt sie natürlich am Ende des Parcours ihren wohlverdienten Leckerbissen. Wenn nein, gibt's das Häppchen nach einer Weile natürlich trotzdem, denn nicht alle Katzen halten bis zum Ende des Hindernisparcours durch.

TIPPS & TRICKS

Leckerlitaschen aus dem Hundetraining sind auch beim Katzentraining hilfreich. Die Tasche hängt man entweder am Gürtel oder am Hosenbund ein. So haben Sie jederzeit ein Leckerli als Belohnung für Mieze greifbar.

Tom-Cat in seiner blaugrünen Schaffensphase

Hauptsache, ungiftig

Tom-Cat hat sich der Malerei verschrieben. Seine Kunstwerke entstehen mit ungiftiger Fingerfarbe. Man kann die Farbe kaufen oder ganz einfach selbst herstellen: 100 g Mehl mit 100 ml Wasser verrühren, 1 EL Speiseöl und Lebensmittelfarbe nach Wunsch dazu – fertig.

Wenn man selbst zum Kunstwerk wird

Im Eifer des Gefechts landen auch ein paar Farbkleckse auf Tom-Cats Näschen und seinem Fell. Das stört den kleinen Künstler. Wie gut, dass man die Farbe gefahrlos ablecken kann. Und schon ist Tom-Cat wieder mit Feuereifer bei der Sache. Das nächste abstrakte Kunstwerk entsteht unter seinen Pfoten. Wer weiß, vielleicht kann der kleine Kater mit seinen Gemälden sogar noch berühmt werden und Geld verdienen.

Sieht das nicht toll aus?

Tom-Cat fertigt seine Bilder mit unnachahmlichen Pfotenschwüngen an. Man sieht ihm die Hingabe und Konzentration förmlich an. Ist übrigens gar nicht so leicht, bei der Malerei auf den Hinterpfoten zu stehen und gleichzeitig die Balance zu halten. Doch der Schwanz eignet sich hervorragend als Balancierstange. Katzen sind eben Kunstwerke an sich.

Zirkusreif: Balancieren und Springen auf dem Seilwalk

Katzen balancieren mit schlafwandlerischer Sicherheit über die schmalsten Brüstungen. Diese Fähigkeit verdanken sie unter anderem ihrem hervorragenden Gleichgewichtssinn, der im Innenohr sitzt. In der katzengerechten Wohnung gibt es natürlich Trainingsmöglichkeiten für Ihren kleinen Tiger. Doch Sie können Ihre Katze auch gezielt über den Laufsteg schicken. Sie wissen ja: Gemeinsame Spielaktionen festigen das Band zwischen Ihnen und Ihrem vierbeinigen Liebling immer mehr.

Von einfach bis anspruchsvoll Beginnen Sie das Balancetraining mit einfachen Übungen. Ein »Schwebebalken« aus jeweils zwei dicken Büchern und einem Brett darüber ist schnell aufgebaut. Wichtig dabei: Das Brett darf

Der Seilwalk: Eine echte Herausforderung für kleine Seiltänzer. Zu sehr schwanken darf das Tau jedoch nicht.

Beim Sprung von einem Podest zum anderen sieht man deutlich, dass die Sprungkraft von den muskulösen Hinterbeinen ausgeht.

Der untere Teil des Seilwalks eignet sich super zum Turnen, Hindurchspringen und last, not least zum Faxenmachen.

nicht zu glatt sein oder kippen, und es muss fest aufliegen. Sind diese Kriterien erfüllt, kann's schon losgehen.

- Üben Sie zunächst das Hochspringen auf das Brett, wie in der Übung »Springen auf Kommando« beschrieben (→ Seite 229).
- Wenn das klappt, animieren Sie Mieze mit lockender Stimme, etwa »Komm, Mimi«, einem Leckerbissen oder mit der Katzenangel, über den Laufsteg zu gehen.
- Auf der anderen Seite angekommen, gibt es natürlich am besten eine schmackhafte Belohnung.
- Bald bewegt sich Ihr vierbeiniger Liebling allein schon auf Zuruf in katzentypischer Eleganz über das Brett.

Natürlich lässt sich der Schwierigkeitsgrad der Übung weiter erhöhen. Das Brett kann zum Beispiel auf die Sitzflächen von zwei Stühlen gelegt werden. Es kann sich auch immer mehr verschmälern. Der Gipfel ist jedoch das Balancieren auf dem Hochseil. Der Seilwalk auf den Fotos dieser Seite wurde eigens für dieses Buch entworfen und konstruiert (→ Bezugsquellen, Seite 250). Geschickte Heimwerker können ihn nach diesem Muster auch selbst bauen. An diesem Multifitnessgerät kann Mieze außerdem ihre Sprungtechnik verfeinern und ihre Kondition trainieren. In ihrem »Making-of« auf Seite 240 erzählt die Fotografin Monika Wegler, dass auch Katzen nicht immer eine punktgenaue Landung beim Springen hinlegen. Das jedenfalls hat sie beim Training ihrer Katzen auf dem Seilwalk mehrfach erlebt. Es ist eben noch kein Meister vom Himmel gefallen – selbst wenn es sich dabei um unsere geschickten und eleganten Samtpfoten handelt.

Clickertraining: Der Trick mit dem »Click«

Der Clicker ist eine Art Knackfrosch. Mit dem Clickgeräusch können Sie Ihre Katze wunderbar beschäftigen, erziehen und zu kleinen Kunststückchen »überreden«. Mehrmals am Tag fordern Kitty und Mimi ihr Clickertraining regelrecht ein. Wenn es »Click« macht, setzen sich die beiden Katzendamen fast synchron auf ihre Hinterkeulen und erwarten ihre Belohnung – ein Stückchen gekochte Hühnerbrust.

Clickertraining heißt Lernen durch positive Verstärkung. Dabei fungiert das metallische Klicken des Knackfrosches als Signal für die Katze. Sie wird auf das Knackgeräusch konditioniert. Vereinfacht ausgedrückt funktioniert diese Methode folgendermaßen: Immer wenn Ihre Katze etwas Erwünschtes tut, lassen Sie den Frosch knacken. Unmittelbar nach dem Click gibt es eine kleine Belohnung in Form eines Leckerlis. Das machen Sie so lange, bis im Gehirn der Katze verankert ist: Click = richtig gemacht = Belohnung (Erfolg). Beim Clickertranining sind einige Grundregeln zu beachten.

AN DEN CLICKER GEWÖHNEN

Gewöhnen Sie Ihren Stubentiger vorsichtig an das ungewohnte Clickgeräusch. Nutzen Sie bewusst eine Situation, in der Ihre Katze völlig entspannt ist. Betätigen Sie den Knackfrosch zunächst aus einiger Entfernung zu Ihrer Katze. Dämpfen Sie den Click zum Beispiel, indem Sie den Frosch anfangs nur in Ihrer Hosentasche knacken lassen. Clicken Sie mehrmals täglich bei Miezes Anwesenheit. Das Training kann erst dann beginnen, wenn die Katze keinerlei Furcht vor dem Knackfrosch und dem damit verbundenen Geräusch zeigt.

Clickertraining ist auch Gehirnjogging für Katzen. Gewöhnen Sie Mieze vorsichtig an das ungewohnte Knackgeräusch des Clickers.

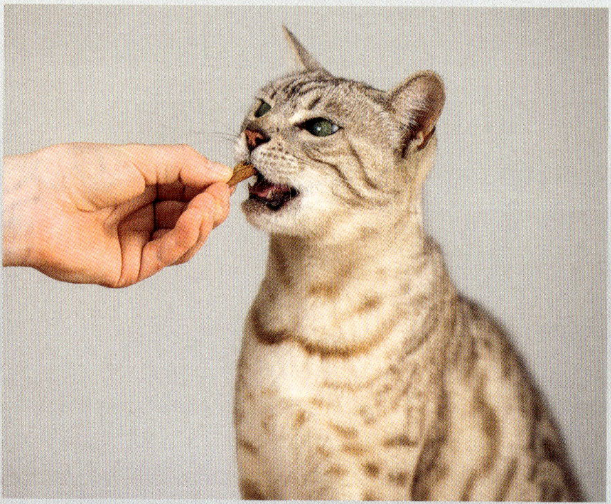

Da es anfangs jedes Mal nach dem Click ein Häppchen gibt, sollten die Leckereien in winzige Stückchen geteilt werden.

DAS TRAINING BEGINNT

Halten Sie besonders verführerische Leckerbissen für Mieze bereit. Je nach ihrer Vorliebe kann das ein Stückchen gekochte Putenbrust, Käse, gekochter Schinken, gekochtes Hühnchen, ein Käserolli oder ein Sticki sein. Teilen Sie die Leckerli in winzige Stücke, die schnell geschluckt werden können. Langes Kauen wirkt sich negativ auf die Konzentration des kleinen Tigers aus.

- Bis die Katze begriffen hat, dass es immer nach dem Click eine kleine Belohnung gibt, müssen Sie etwa 20-mal hintereinander clicken und ihr jedes Mal ein Häppchen geben. Erst dann ist sie auf das Clickgeräusch konditioniert.
- Die einzelnen Trainingseinheiten sollten nicht mehr als zwei bis fünf Minuten dauern und über den Tag verteilt werden.
- Sprechen Sie während des Übens möglichst wenig mit Ihrer Katze und fassen Sie sie auch nicht an. Das stört ihre Konzentration.
- Genaues Timing ist beim Clicken enorm wichtig. Sie möchten Ihrer Katze zum Beispiel das Pfötchengeben beibringen. Clicken Sie exakt dann, wenn Ihr kleiner Tiger die Pfote hebt, und nicht etwa erst, wenn er sie bereits wieder senkt. Im letzten Fall verknüpft die Katze mit dem Click: Pfote senken = richtig gemacht = Belohnung. Sie hätten dann also das Gegenteil des Verhaltens, das Sie sich von Ihrer Katze wünschen, verstärkt.

»SITZ« – EINE EINFACHE ÜBUNG

Übungsziel: Ihre Katze soll sich vor Sie hinsetzen.

- Rufen Sie Ihren kleinen Tiger herbei. Wenn er kommt, wird er sich wahrscheinlich voller Erwartung von alleine hinsetzen und abwarten, was jetzt Aufregendes passiert.
- Clicken Sie, wenn die Katze sitzt, und geben Sie ihr dann die Belohnung.
- Setzt sie sich nur zögerlich, wird jeder Zentimeter, den ihr Hinterteil weiter Richtung Boden geht, geclickt und belohnt. Schließen Sie die exakte Ausführung der Übung mit einem Häppchen ab.

Weiterführende Literatur zum Thema Clickertraining finden Sie auf Seite 253.

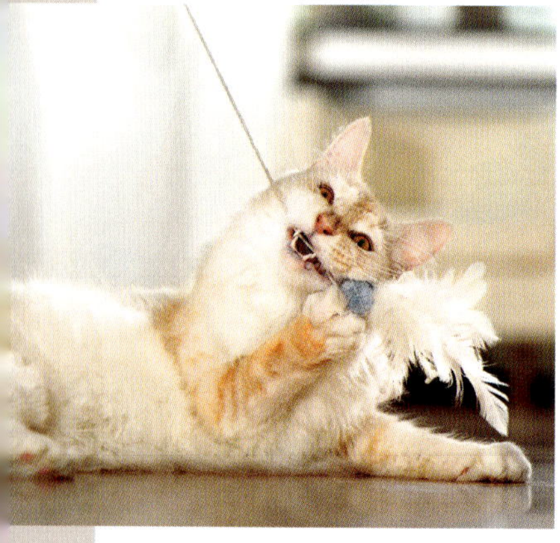

Wie steht es um Ihr Wissen rund um Katzenspiele?

Das richtige Spielzeug, Sinnesreize, Denksportaufgaben und das gemeinsame Spiel mit ihrem Menschen – all das ist für Wohnungskatzen absolut wichtig. Testen Sie hier, ob Sie aus dem vorangegangenen Kapitel noch wissen, woran Sie beim Thema Spielen denken sollten.

1. Interaktives Spiel mit der Katze. Wie lange sollte eine Spielsequenz dauern?

B ☐ 20 bis 30 Minuten.
A ☐ 10 bis 15 Minuten.
C ☐ 45 bis 60 Minuten.

2. Wie können Sie Mieze zum Spiel animieren?

C ☐ Indem Sie ihr das Spielzeug zeigen.
B ☐ Indem Sie ihr das Lieblingsspielzeug vor die Pfoten legen.
A ☐ Indem Sie mit lockender Stimme und Bewegung der »Beute« Spannung aufbauen.

3. Was versteht man unter dem Begriff »enrichment«?

B ☐ Einen Trainingsplan für zu dicke Katzen erstellen.
C ☐ Eine Therapieform für verhaltensgestörte Stubentiger.
A ☐ Ein Beschäftigungsprogramm, das ursprünglich für Zootiere entwickelt wurde.

4. Wie hält man den Katzenoldie geistig fit?

C ☐ Ihm eine junge Katze als »Jungbrunnen« dazugesellen.
B ☐ Den Senior zu möglichst vielen Spielrunden animieren.
A ☐ Dem Oldie auch weiterhin Denksportaufgaben stellen.

5. Warum brauchen gerade Wohnungskatzen viele Spielanregungen?

B ☐ Um schlank zu bleiben, denn viele Wohnungskatzen sind zu dick.
C ☐ Um ihren Appetit anzuregen.
A ☐ Um überschüssige Energie abzubauen und um geistig und körperlich fit zu bleiben.

6. Berauscht Katzenminze alle Katzen?

C ☐ Ja, Katzennminze versetzt alle Katzen in einen Rauschzustand.
A ☐ Nur etwa die Hälfte aller Katzen wird von dem Kraut in einen Trancezustand versetzt.
B ☐ Etwa 90 Prozent der Katzen werden von Katzenminze »high«.

7. Was ist beim Clickertraining wichtig?

- C ☐ Die Farbe des Knackfrosches.
- A ☐ Punktgenaues Clicken.
- B ☐ Das Alter der Katze.

8. Ab welchem Alter trainieren Katzen das Jagdverhalten?

- A ☐ Ab der 7. Lebenswoche.
- C ☐ Mit ungefähr drei Monaten.
- B ☐ Ab der 8. Lebenswoche.

9. Wie lange sollte eine Trainingseinheit beim Einüben von Kunststücken dauern?

- C ☐ 30 bis 45 Minuten.
- A ☐ 5 bis 10 Minuten.
- B ☐ 10 bis 15 Minuten.

10. Was bewirkt das gemeinsame Spiel mit der Wohnungskatze?

- C ☐ Es macht sie abhängig vom Menschen.
- A ☐ Es fördert die Bindung zwischen ihr und dem Menschen.
- B ☐ Sie braucht dann keinen Artgenossen als Spielpartner.

11. Wie lange sollte eine Trainingseinheit beim Clickertraining dauern?

- A ☐ 2 bis 5 Minuten.
- B ☐ 6 bis 8 Minuten.
- C ☐ 8 bis 10 Minuten.

12. Was löst bei der Katze den Jagdtrieb aus?

- A ☐ Ein kleines Objekt, das sich bewegt.
- B ☐ Der Geruch des Beutetiers.
- C ☐ Ein Beutetier, das nahe vor ihr sitzt.

AUSWERTUNG: Zählen Sie zusammen, wie häufig Sie die Buchstaben A, B oder C in Ihren Antworten finden. Vorwiegend A, B oder C hat folgende Bedeutung:

A

Wenn Sie überwiegend oder sogar bei allen Fragen die Antwort A angekreuzt haben, kann Ihnen zum Thema Katzenspiele niemand mehr so leicht etwas vormachen. Sie kennen sich über Trainingszeiten aus, wissen, warum bestimmte Spiele für Ihren Stubentiger wichtig sind und dass das intensive gemeinsame Spiel mit Ihrer Katze die Bindung zwischen ihr und Ihnen festigt. Sie versuchen Ihrer Wohnungskatze so viele Anregungen wie möglich zu bieten. Das sorgt bei Ihrer Katze für ein ausgeglichenes und zufriedenes Wesen.

B

Haben Sie überwiegend mit B geantwortet, liegt Ihnen das Thema Spiel und Beschäftigung Ihrer Katze ganz sicher am Herzen. Ihnen ist jedoch im Einzelnen noch nicht genau bewusst, was das Spielen für die Katze bedeutet und was Sie dabei beachten sollten. Im gemeinsamen Spiel mit Ihrer Katze sind zum Beispiel Spiel- und Trainingszeiten und die richtige Motivation entscheidend dafür, ob Mieze mit Feuereifer dabei ist oder schnell die Lust verliert.

C

Sie haben überwiegend Antwort C angekreuzt? Dann wissen Sie leider noch nicht viel über die Wichtigkeit des Spiels für Ihren Stubentiger und wie Sie ihn richtig motivieren. Unausgelastete Wohnungskatzen können Verhaltensstörungen entwickeln und die Wohnung in ein Schlachtfeld verwandeln. Schon in Ihrem eigenen Interesse sollten Sie sich über das richtige Entertainment für Ihre Katze informieren.

Ist das fressbar? Herzhaft beißt Kater Jasper in den Stängel getrockneter Katzenminze und probiert so den Sinnesrausch auf eine ganz neue Art.

»Komm her und lass dich putzen.« Energisch schleckt Katerchen Moritz seinem Bruder Max die letzten Sahnereste vom Mäulchen.

Making-of – Ein Blick hinter die Kulissen

Wäre ich Katze, würden sich noch heute meine Rückenhaare sträuben, wenn ich an den Stress und das Chaos meines Umzugs zurückdenke. Nicht so meine Miezen. Völlig relaxt betraten sie ihr neues Zuhause und eroberten voll Begeisterung ihre neuen Kletterbäume, die Katzenmöbel, die ich eigens für sie entworfen und hatte bauen lassen, und meine eigene Wohnungseinrichtung, ebenfalls komplett neu. Mein Experiment, für Katze und Mensch ein modernes wohnliches Heim zu schaffen, war geglückt.

So konnte ich schließlich mit dem Fotoshooting für diesen Ratgeber in unserem neuen Zuhause starten. Meine Samtpfoten testeten alles, was praxistauglich ist und Katzen gefällt und was nicht. Sie waren meine wichtigsten Fotomodelle bei diesem Projekt.

ALLES IM GRIFF ...

hat man bei Tieraufnahmen selten. Schon gar nicht, wenn es sich bei den Models vor der Kamera um Katzen handelt. Bei jeder meiner Aufnahmen lief das volle Verwöhnprogramm ab, um jede Katze, entsprechend ihrer Persönlichkeit, zum Mitspielen zu animieren. Doch ich liebe nicht nur alle Tiere, sondern bin ein großer Katzennarr und gern ihr Personal.

LUSTIG IST ...

was nicht perfekt nach Plan oder auch völlig überraschend passiert. Ein paar dieser Fotos, die keinen Platz mehr im Buch fanden, sehen Sie hier abgebildet: Bei dem Shooting für Seite 208 und 209 durften die Miezen den betörenden Duft von Katzenminze und Bald-

rian genießen. Kater Jasper setzte dafür statt Nase lieber seine Zähne ein. Wie Sie auf dem Foto Seite 240 sehen, ruft die brüderliche Zuwendung von Moritz in Sachen Pflege bei Max nicht immer große Begeisterung hervor. Und bei den Balancier- und Turnübungen von Seite 234 und 235 legte Amelie nicht gerade den perfekten Sprung hin, dafür aber der kleine rote Pablo, der unten rechts eindrucksvoll zeigt, was er schon alles kann. Leider gab es keinen Platz mehr für die lustige Szene aus dem Shooting von Seite 50, als Pablo mitten in den Wasserkübel sprang.

ZUM ABSCHIED ...

möchte ich mich nochmals bei allen Samtpfoten bedanken und ihnen sagen: »Ihr habt mich etliche graue Haare mehr gekostet, aber es war jede Minute wert, mit euch zusammen zu sein.« Ich wünsche mir, dass dieser Ratgeber, den ich im vertrauten Team mit der Autorin Gabriele Linke-Grün umsetzen durfte, mit dazu beiträgt, Wohnungskatzen und ihren Menschen ein glückliches Zuhause zu bescheren.

Hoppla, fast danebengesprungen. Auch einem trainierten Fotostar wie Angelina gelingt nicht alles auf Anhieb. Auf dem Foto unten springt der junge Pablo elegant durch das Seil: »Schaut mal, was ich schon kann.«

Serviceteil mit weiteren wichtigen Infos

Hier finden Sie das ausführliche Register, Adressen wichtiger Verbände, die Bezugsquellen der vorgestellten Produkte, interessante Internetadressen und Literatur zum Weiterlesen.

Register

Halbfette Seitenzahlen verweisen auf Fotos.

A

B

C

D

E

F

G

L

M

N

O

P

R

S

Bezugsquellen

Cat-on – Berlin,
www.cat-on.com

Seite 14, Le Ver
Seite 31 re. o., Singha
Seite 48, Le Rouleau Wall-Kit
Seite 74, Bille
Seite 99, Le Canapé plus
Seite 102 Mi., Le Rond
Seite 119, Loop

Fellnasenstube – Langenselbold,
www.fellnasenstube.de

Seite 188 re. o., WaterFall Premium Katzen Trinkbrunnen

Frank Flechtwaren – Dahn,
www.frank-flechtwaren.de

Seite 30 Mi., Tierbett »Kuschelhöhle«

Fressnapf – Krefeld,
www.fressnapf.de

Seite 102 re. o., Catit Senses Spielschiene
Seite 188 li. o., Baldrian Spielrolle
Seite 200 Mi., MORE Selection Rascheltunnel

Futterscheune – Reutlingen,
www.futterscheune.com

Seite 224 li. u., Intelligenzspielzeug Kitty Brain Train Boccia

Katzenoase – Vierkirchen,
www.katzenoase.de

Seite 42, 43, 69, Bambuskletterbaum mit Bambuswalk
Seite 47, Fensterbalkon
Seite 70, Kippfensterschutzgitter
Seite 234, 235, Kratzbaum mit Seilwalk

Keramik im Hof – Salz,
www.keramik-im-hof.de

Seite 37, Zimmerbrunnen

Kerbl – Buchbach,
www.kerbl.de

Seite 30 li. u., Strandkorb Sylt
Seite 50, Katzenhaus Lodge
Seite 100-102, 103 re. u., Hängematte Siesta

Lucky Kitty – Vöhringen,
www.lucky-kitty.com

Seite 35 li. o., Katzenbrunnen Keramik

LucyBalu – München,
www.lucybalu.com

Seite 30 li. o., Dinghy Katzenbett
Seite 31 li., Pebble Katzenhöhle aus Filz
Seite 201 re. u., Sound Balls Filzbälle mit Glocke

Profeline – Heilbronn, www.profeline-katzenshop.de

Seite 201 li., Da Bird

Trixie – Tarp, www.trixie.de

Seite 15 re., Kratzbrett für Zimmerecken
Seite 30 re. o., Tipi Boho
Seite 102 li. o., Kratzstamm
Seite 102 li. u., Wiggling Feather
Seite 102 u., 171, Treppe PetStair
Seite 103 li. o., 147 re., Snack Roll
Seite 103 re. o., Höhle Alois
Seite 158 u., Krallenschere
Seite 220 li., 225 re. o., Fun Board Strategiespiel
Seite 224 li. o., Turn Around Strategiespiel
Seite 224 Mi., Brain Mover Strategiespiel

Zooplus – München, www.zooplus.de

Seite 31 re. u., Katzenhaus Pueblo
Seite 35 re. o., Fresh Flow Deluxe Trinkbrunnen
Seite 200 li. o., Katzenangel Cat Charmer
Seite 200 u., TIAKI Wasser-Spielmatte
Seite 225 li., Catit Senses Futter Labyrinth

Adressen/ Literatur

Verbände und Vereine

Fédération Internationale Féline (FIFe), Luxembourg, www.fifeweb.org

Deutsche Edelkatze e. V., Geisbergstr. 2, 45139 Essen, www.deutsche-edelkatze.de

1. Deutscher Edelkatzenzüchter-Verband e. V. (1. DEKZV e. V.), Mühlweg 4, 35614 Aßlar, www.dekzv.de

Deutsche Rassekatzen-Union e. V. (D.R.U.), Geschäftsstelle: Hauptstr. 21, 56814 Landkern, www.dru.de

Fédération Féline Helvétique (FFH), Alfred Wittich Soojarit (Präsident), Büntacher 22, CH-5626 Hermetschwil, www.ffh.ch

Österreichischer Verband für die Zucht und Haltung von Edelkatzen (ÖVEK), Liechtensteinstr. 126, A-1090 Wien, www.oevek.at

Deutscher Tierschutzbund e. V., In der Raste 10, 53129 Bonn, www.tierschutzbund.de

Schweizer Tierschutz (STS), Dornacherstr. 101, CH-4018 Basel, www.tierschutz.com

Österreichischer Tierschutzverein, Berlagasse 36, A-1210 Wien, www.tierschutzverein.at

Gesellschaft für Ganzheitliche Tiermedizin e. V. (GGTM), Mooswaldstr. 7, 79227 Schallstadt, www.ggtm.de, E-Mail: info@ggtm.de

Gesellschaft für Tierverhaltensmedizin und -therapie e. V. (GTVMT), Hohensasel 16, 22395 Hamburg, www.gtvmt.de (mit bundesweiter Liste praktizierender Tierverhaltensmediziner)

Berufsverband der Tierverhaltensberater und Tiertrainer e. V. (VdTT), Achtern Dieck 6, 24576 Bad Bramstedt, www.vdtt.org

Tierärztliche Vereinigung für Tierschutz e. V. (TVT),
Geschäftsstelle: Bodelschwinghweg 6, 49191 Belm, www.tierschutz-tvt.de

Industrieverband Heimtierbedarf (IVH) e. V.,
Emanuel-Leutze-Str. 11, 40547 Düsseldorf, www.ivh-online.de

Registrierung von Katzen

Deutsches Haustierregister des Deutschen Tierschutzbundes e. V., Bonn, www.findefix.de

TASSO e.V., Abt. Haustierzentralregister,
Ludwig-Erhard-Str. 30-34, 65760 Eschborn, Tel.: 06190/937300, www.tasso.net, E-Mail: info@tasso.net

Internationale Zentrale Tierregistrierung (ifta),
Nördliche Ringstr. 10, 91126 Schwabach, Tel. 00800/ 43820000 (kostenlos), www.tierregistrierung.de

Wer sich vor dem Verlust seiner Katze schützen will, kann sie hier registrieren lassen.

Krankenversicherung

Uelzener Versicherungen,
Verßeer Str. 65/67, 29525 Uelzen, www.uelzener.de

AGILA Haustierversicherung AG, Breite Str. 6-8, 30159 Hannover, www.agila.de

Allianz, Königinstr. 28, 80802 München, www.allianz.de

Für Haftpflichtfälle: Katzen sind generell in Ihrer Privathaftpflichtversicherung beitragsfrei mitversichert.

Katzen im Internet

www.haushueten.de Angebote zur Betreuung von Haus und Tier

www.katze-und-du.at
Online-Katzenmagazin

www.katzen.de Themenbereiche: Aufzucht, Erziehung und Haltung von Katzen

www.miau.de Umfangreicher Service mit Tipps für den Katzenalltag

www.netz-katzen.de Service und Gesundheit, interaktiver Treffpunkt für Katzenfreunde

www.tierarztblog.com
Wissensportal für Katzenfreunde

www.tier-stuebli.ch
Katzenboutique und Katzentüren

www.tierheimlinks.de
Linkliste der Tierheime und Tierschutzvereine

www.tierbestatter-bundesverband.de Informationen zur Tierbestattung

Informationen über giftige Pflanzen erhalten Sie unter:
www.botanikus.de
www.vetpharm.uzh.ch

Bücher, die weiterhelfen

Brandt, Helke: **Was will mir meine Katze sagen?** Gräfe und Unzer Verlag

Eilert-Overbeck, Brigitte: **Katzen.** Gräfe und Unzer Verlag

Greiffenhagen, Sylvia/ Buck-Werner, Oliver N.: **Tiere als Therapie.** Kynos Verlag

Hofmann, Helga: **Katzensprache.** Gräfe und Unzer Verlag

Hofmann, Helga: **300 Fragen zum Katzenverhalten.** Gräfe und Unzer Verlag

Linke-Grün, Gabriele: **Wohnungskatzen.** Gräfe und Unzer Verlag

Ludwig, Gerd: **Praxishandbuch Katzen.** Gräfe und Unzer Verlag

Ludwig, Gerd: **Katzensprache.** Gräfe und Unzer Verlag

Morris, Desmond: **Catwatching. Die Körpersprache der Katze.** Heyne Verlag

Rödder, Birgit: **Katzen-Clicker-Box.** Gräfe und Unzer Verlag

Schell, Carmen: **Wie wir Katzen glücklich machen.** Gräfe und Unzer Verlag

Schroll, Sabine: **Miez, Miez – na komm. Artgerechte Katzenhaltung in der Wohnung.** Books on Demand

Streicher, Dr. med. vet. Michael: **Katzen gesund ernähren.** Gräfe und Unzer Verlag

Zeitschriften

Geliebte Katze.
Ein Herz für Tiere Media GmbH, München

Our Cats.
Minerva Verlag, Mönchengladbach

BILDNACHWEIS

Cover: Stocksy/Marta Locklear.

Alle Fotos in diesem Buch stammen von Monika Wegler, mit Ausnahme von:

AdobeStock 10-11, 56-1, 56-3, 56-4, 57-1, 57-2, 57-3, 76-77, 81, 104-1; Alamy 56-5, 71, 156-157; Anna Auerbach 5, 96, 97 alle, 190, 236-1, 236-2; Arco Images 148-149, 175; Cat-on 14, 31-2, 48, 74, 99, 102-4, 119, 160; F1 Online 117, 237; Fellnasenstube 188-2; Frank Flechtwaren 30-4; Fressnapf 200-4; Getty Images U4, 2-3, 25, 36, 44, 52, 65, 85, 154, 169, 219, 104-2, 131-2; iStock 118, 159-1, 176-2, 192-193; Juniors 86-1, 180-1, 180-2; Kio Fotos 147-1; Lucy Balu 30-1, 31-1, 201-3; Masterfile 83; Mauritius 13, 120, 179; Oliver Giel 37, 80-1, 80-2, 112, 121-1, 121-2, 128, 131-1, 132 beide, 134, 151, 161, 167 alle, 168, 227; Plainpicture 176-1; Shutterstock 56-2; Tatjana Drewka 16-17 alle, 41, 73, 126-127 alle, 133, 135, 137-1, 137-2, 139, 152-1, 152-2, 155, 166, 177, 183, 189, 199, 204, 213, 238; Trio Bildarchiv: Kim Indra Oehne 6, 242-243, Natalie Große 8, Tina Kupke 40; Trixie 30-2, 102-1, 103-2, 147-2, 158-5, 224-4; Ulrike Schanz 871- 87-2, 88-1, 90-2, 90-3, 92-1, 92-2; Zooplus 31-3, 200-5.

WICHTIGE HINWEISE

Die Empfehlungen in diesem Ratgeber beziehen sich auf normal entwickelte, charakterlich einwandfreie Katzen. Wer eine erwachsene Katze zu sich nimmt, muss sich bewusst sein, dass sie bereits durch andere Menschen geprägt wurde. Bei einer Katze aus dem Tierheim können Ihnen die Mitarbeiter eventuell Auskunft über die Herkunft des Tieres und seine Eigenarten geben. Es gibt Katzen, die schlechte Erfahrungen mit Menschen gemacht haben und Verhaltensauffälligkeiten zeigen. Diese Katzen sollten möglichst nur von Menschen aufgenommen werden, die Erfahrung im Umgang mit Katzen haben. Einige Infektionskrankheiten und Krankheiten, die durch Parasiten verursacht werden, sind auch auf den Menschen übertragbar (→ Seite 161 ff.). Achten Sie auf Hygiene und gehen Sie im Zweifelsfall unbedingt zum Arzt.

DIE FOTOGRAFIN

Monika Wegler, geboren in Köln, absolvierte nach dem Gymnasium erfolgreich ihre Ausbildung zur Fotografin im Werbestudio von Agfa-Gevaert. Seit 1983 arbeitet sie als selbstständige Fotografin und Autorin in München. Ihre liebsten Fotomodelle sind Heimtiere, insbesondere Katzen. Sie hat mehr als 90 Ratgeber illustriert und viele davon auch selbst geschrieben. Neben der Bucharbeit ist sie durch ihre beliebten Tierkalender, unzähligen Veröffentlichungen in Zeitschriften und in der Werbung weit über die Grenzen Deutschlands hinaus bekannt geworden. Besuchen Sie Monika Wegler auf ihrer Homepage: www.wegler.de

ZUR AUTORIN

Gabriele Linke-Grün arbeitet seit vielen Jahren als freie Journalistin, Lektorin und Autorin und hat schon einige erfolgreiche Heimtierratgeber geschrieben. Sie betrachtet es als ihre Aufgabe, Kinder und Erwachsene für ein glückliches Miteinander über die Ansprüche verschiedener Heimtiere aufzuklären. Ihre besondere Liebe gilt den Katzen, die sie für ihre Eleganz und Eigenwilligkeit bewundert. In diesem Ratgeber möchte sie Wohnungskatzen und ihren Haltern den Weg für ein glückliches und zufriedenes Miteinander aufzeigen.

Weitere Bücher der Autorin:

Wohnungskatzen

DIE BÜCHERMENSCHEN HINTER DIESEM PROJEKT

Verlagsleitung: Nadja Harzdorf-van Wickeren
Projektleitung: Julia Herko
Korrektorat: Christian Wolf
Bildredaktion: Petra Ender, Fabian Riedel, Natascha Klebl (Cover)
Cover: ki 36 Editorial Design, München, Bettina Stickel
Layout: independent Medien-Design, Horst Moser, München; Ludger Vorfeld, München
Satz: Ludger Vorfeld, München
Herstellung: Petra Roth
Fotografie: Monika Wegler
Reproduktion: Longo AG, Bozen
Druck & Bindung: Firmengruppe APPL, aprinta druck, Wemding

Grillparzerstraße 12, 81675 München

www.gu.de/kontakt | hallo@gu.de

GU ist eine eingetragene Marke der GRÄFE UND UNZER VERLAG GmbH

1. Auflage 2025, ISBN: 978-3-8338-9872-3

WICHTIGER HINWEIS

Die Gedanken, Methoden und Tipps in diesem Buch basieren auf den Erfahrungen unserer Autorin. Sie wurden nach bestem Wissen erstellt und mit größtmöglicher Sorgfalt geprüft. Weder die Autorin noch der Verlag können jedoch für eventuelle Nachteile oder Schäden, die aus den im Buch gegebenen praktischen Hinweisen resultieren, eine Haftung übernehmen.

G|U

LIEBE LESERIN, LIEBER LESER,

wie wunderbar, dass Sie sich für ein Buch von GU entschieden haben! In unserem Verlag dreht sich alles darum, mit gutem Rat Ihr Leben schöner, erfüllter und einfacher zu machen. Unsere Autorinnen und Autoren sind echte Expertinnen und Experten auf ihren Gebieten, die ihr Wissen mit viel Leidenschaft mit Ihnen teilen. Und unsere erfahrenen Redakteurinnen und Redakteure stecken viel Liebe und Sorgfalt in jedes Buch, um Ihnen ein Leseerlebnis zu bieten, das wirklich besonders ist. Qualität steht bei uns schon seit jeher an erster Stelle – jedes Buch ist von Büchermenschen für Buchbegeisterte gemacht, mit dem Ziel, Ihr neues Lieblingsbuch zu werden.

Ihre Meinung ist uns wichtig, und wir freuen uns sehr über Ihr Feedback und Ihre Empfehlungen – sei es im Freundeskreis oder online.

Viel Spaß beim Lesen und Entdecken!

PS: Hier noch mehr GU-Bücher entdecken: www.gu.de

FÜR DIE UMWELT

Dieses Buch wurde auf PEFC-zertifiziertem Papier aus nachhaltiger Waldwirtschaft gedruckt. Aus Liebe zur Natur verwenden wir leichtes Papier.

WERDEN SIE TEIL DER GU-COMMUNITY!

Sie und Ihre Familie, Ihr Haustier, Ihr Garten oder einfach richtig gutes Essen. Egal, wo Sie im Leben stehen: Als Teil unserer Community entdecken Sie die neuesten GU-Bücher als Erstes, Sie genießen exklusive Leseproben und werden mit wertvollen Impulsen und kreativen Ideen bereichert.

Worauf warten Sie? Seien Sie dabei!

www.gu.de/gu-community

© Kay Blaschke

WARUM UNS DAS BUCH BEGEISTERT

Wenn Wohnungskatzen sprechen könnten, würden sie uns dieses Buch empfehlen.

Nadja Harzdorf-van Wickeren, Verlagsleitung